はじめての線形代数15講

小寺平治 著

“行列”は，英語のmatrix【méitriks めいトリクス】名鋳型【印】母型の翻訳です．
現在では，印刷に活字を使うことは，ほとんどありませんが，1970年代までは，どこの印刷所でも，植字工という職人さんが，ピンセットで活字を拾い，一字一字木製枠の鋳型に差しこんでいました．
長方形状の枠に数を記入する“行列”を，matrixというのも，なるほど！ですね．
なお，行列という訳語は，数学史に名を残す高木貞治先生(1875-1960)によるものであり，matrixの命名は，シルベスター先生(1841-1897)です．

講談社

序文 ●●●●●● 著者からのメッセージ

「わたしは，数学が得意で，線形代数の授業もよく分かります」
というお方は，この本を必要としないだろう．

「ぼくは，数学がメシより好きで，理学部数学科へ入りました」
という変わり種には，この本は無用であろう．

なぜかといえば，この本は，

「行列×行列って，なぜ，掛けて加えるの？」
というアナタのために書かれたものだからだ．

「教授の独演会．黒板を写すのがやっとです」
というキミにこそ読んでほしい本なのだから．

一般教養の数学・専門基礎科目程度の数学ならば，適切な説明と教え方ひとつで，**だれにも十分マスターできる**――この事実を，ぼくは学生諸君との三十余年のお付き合いから学ぶことができた．

ぼくが，主に教えてきた教員養成大学では，「コレコレシカジカの公理を満たすものをベクトル空間とよぶ」式の天下り的な授業は成り立たない．**線形代数の基礎概念がどのように形成されるか**が明らかにされなければダメなのだ．

この本は，線形代数に登場する諸概念や手法の **roots・motivation** を大切にし，**基礎事項の解説**とその**数値的具体例**を項目ごとにまとめた．

もちろん，**よく分かる**ことをモットーに書いた．大先生が腕によりをかけてお書きになった“読んでも分からない本”には，ぼくも，ずいぶん泣かされてきたからね．

思えば，五十数年前，二浪してやっと大学生になった日が懐しく思い出される．

新入学の四月には，講義室の場所・図書館や学食の利用法にまで迷っていたのに，一か月二か月後には，話し相手もでき，キャンパス外の隠れた名店まで知るようになる —— 学生生活に慣れてきたのだ．

数学は，本当は考える学問ではあるけれども，それには，まず，

学ぶ・まねる・憶える

というステップがあってこそ成立するもの．諸君は，ぜひ，

エンピツを持って，書きながら

この本を読んでほしいな．

講談社サイエンティフィク第2出版部部長大塚記央さんは，この本を企画され，編集・出版を，ともに歩んでくれた．本文の手書き部分は，堀恭子さんに，イラストは，角口美絵さんにお世話になった．これらの方々ならびに関係者各位に心よりありがとうと申し上げたい．

この本が，未来を生きる若い諸君の勉強の一助になってくれれば，ぼくは，本当に本当にうれしい．

それでは，諸君，Bon Voyage！

2015年4月

小寺　平治

目次 ●●●●●● これだけのことを学びます

第5章

固有値問題

プラスα

●この本をテキストとして使用して下さる先生方へ：

各§は，1コマ(90分)を，ごくおよその目安にいたしましたが，各§の分量に凹凸もございます．〝書物をどのように利用するか〟は，本来，先生方・学生諸君の権利に属することです．どうぞ，自由に有効活用なさって下さい．

集合・写像　のポイント

1 集　合

集　合　ある条件を満たす(ある性質をもつ)モノの集まりを**集合**といい，集合に属する個々のメンバーを，その集合の**元**(げん)という．このとき，考えている対象の全体を，**全体集合**(または**宇宙**(ユニバース))といい，U などとかく．

a が集合 A の元であることを，$a \in A$ とかく．また，元を一つももたない場合も集合と考え，これを**空集合**(くう)とよび，ϕ などとかく．

集合の表記　～～～という性質をもつ＊の全体から成る集合を，

$$\{ * \mid \sim\sim\sim \}$$

とかく．とくに，集合 A の元で，～～～を満たす＊の全体を，

$$\{ * \in A \mid \sim\sim\sim \}$$

とかく．また，＊，△，○，…　から成る集合を，元を並べて，

$$\{ *,\ \triangle,\ \bigcirc,\ \cdots \}$$

とかくことがある．

例　$\{2n+1 \mid n$ は整数$\}$：奇数の全体

$\{m \mid$ ある自然数 k に対して，$m=2k\}$：偶数の全体

$\{2,\ 4,\ 6,\ 8,\ 10,\ \cdots\}$：正の偶数の全体

集合の相等　集合 A，B の元が完全に一致するとき，$A=B$ とかき，集合 A，B は**等しい**という．

例　$\{a,\ b,\ c,\ d\}=\{c,\ b,\ a,\ d\}$　　◀並べ方によらない

部分集合　集合 A の元が，つねに，B の元になっているとき，A は，B の**部分集合**であるといい，

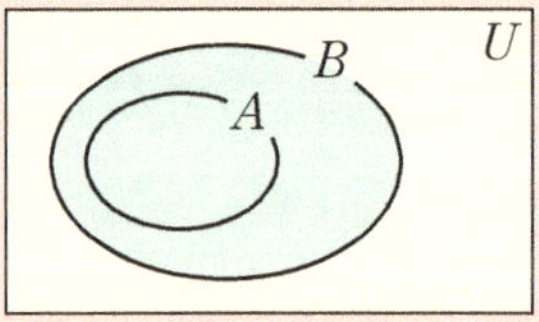

$$A \subseteq B$$

などとかく，$\subseteq$ は，次の性質をもつ：

$$\begin{cases} A \subseteq A \\ A \subseteq B,\ B \subseteq A \implies A = B \\ A \subseteq B,\ B \subseteq C \implies A \subseteq C \end{cases}$$

▶**注**　空集合は，あらゆる集合の部分集合になっている：　$\phi \subseteq A$

集合の演算　集合 A, B に対して，

共通部分 $A \cap B$：A, B の両方に属する元の全体

合併集合 $A \cup B$：A, B のすくなくとも一方に属する元の全体

補 集 合　A^c：A に属さない元の全体　◀ ^{c} は complement から

記号でかけば，

$$A \cap B = \{x \mid x \in A \text{ かつ } x \in B\}$$

$$A \cup B = \{x \mid x \in A \text{ または } x \in B\}$$

$$A^c = \{x \in U \mid x \in A \text{ ではない}\}$$

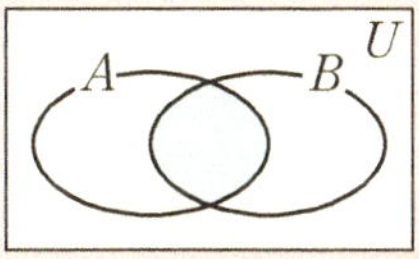

$A \cap B$

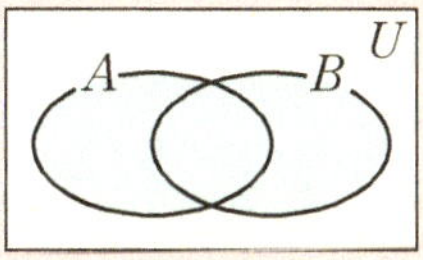

$A \cup B$

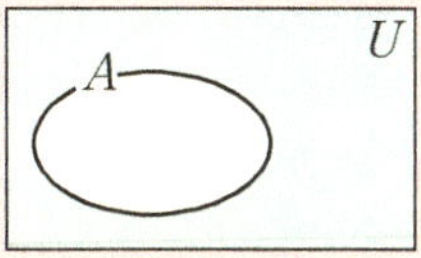

A^c

▶**注**　とくに，$\phi^c = U$, $U^c = \phi$ である．

2　写　像

写　像　集合 A の各元 a に集合 B の一つの元 $f(a)$ を対応させる働きまたは**対応の規則** f を，集合 A から集合 B への**写像**または**関数**とよび，

$$f: A \longrightarrow B$$

などとかく．このとき，$f(a)$ を a での写像（関数）の**値**という．

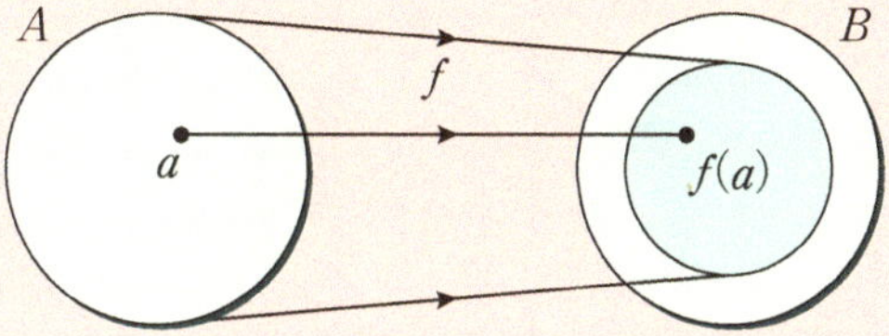

▶注　集合 A, B が数の集合の場合だけ“関数”とよぶこともある．

a を $f(a)$ に対応させる働き（または規則）f が関数であるが，便宜上〝関数 $f(x)$〟ということもある．

定義域・値域　写像 $f: A \longrightarrow B$ において，集合 A を写像 f の**定義域**，写像の値（関数値）の全体を，f の**値域**（ちいき）という：

$$f(A)=\{f(x) \mid x \in A\}$$

全射・単射・全単射　写像（関数）$f: A \longrightarrow B$ について，

f は，**全　射**　$\Longleftrightarrow$　$f(A)=B$

f は，**単　射**　$\Longleftrightarrow$　$x_1 \neq x_2$ ならば，つねに $f(x_1) \neq f(x_2)$

f は，**全単射**　$\Longleftrightarrow$　f は，全射かつ単射

▶注　全射を**上への**写像，単射を**一対一**写像ということがある．

合成写像・逆写像　写像 $g: A \longrightarrow B$, $f: B \longrightarrow C$ を，**この順にひき続いて**施す写像を，$f \circ g$ とかき，g と f との**合成写像**という：

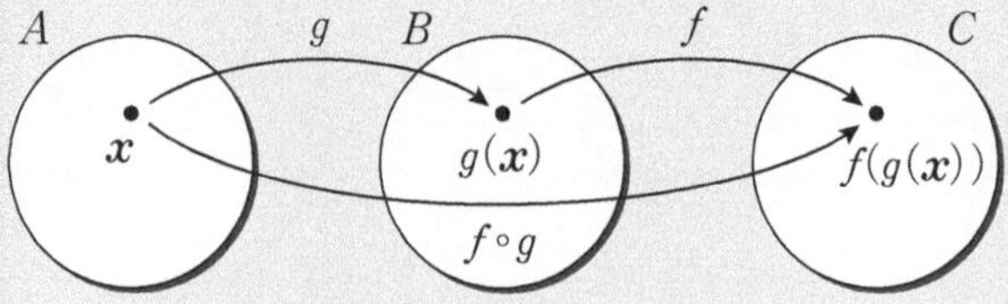

$$(f \circ g)(x)=f(g(x))$$

写像 $f: A \longrightarrow B$ が，**全単射**ならば，集合 B の各元 x に，$x=f(y)$ となる A の元 y が**ただ一つだけ**必ず決まる．このとき，各 x に y を対応させる写像 $f^{-1}: B \longrightarrow A$ を，写像 f の**逆写像**という：

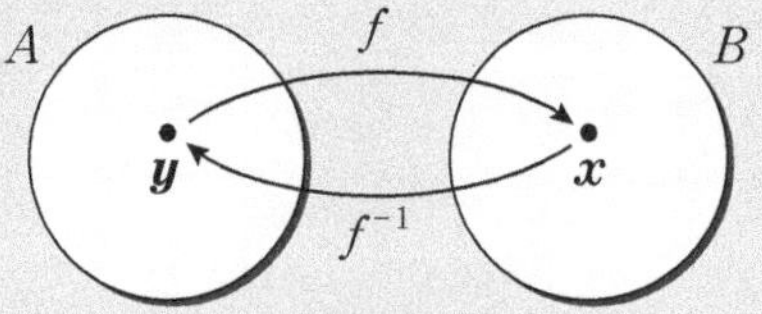

$$y=f^{-1}(x) \quad \Longleftrightarrow \quad x=f(y)$$

プラスα　関数$\overset{\text{プラス}}{+}$関数

二つの(実)ベクトルの和は,

$$\begin{bmatrix} a_1 \\ a_2 \end{bmatrix} + \begin{bmatrix} b_1 \\ b_2 \end{bmatrix} = \begin{bmatrix} a_1+b_1 \\ a_2+b_2 \end{bmatrix}$$

のように成分の和すなわち**実数の和を通して**定義されます.

左辺の$\overset{\text{プラス}}{+}$は“ベクトルの和”であり, 右辺の二つの$\overset{\text{プラス}}{+}$は,“実数の和”です. ですから, 原理的には異なる記号を使うべきでしょうが, 簡単のため同じ記号を使ってしまうのが普通です.

数列$\{a_n\}$は, ポツポツ無限次元のベクトルと考えられ, 関数$f:\boldsymbol{R}\longrightarrow\boldsymbol{R}$は, **ベッタリ無限次元のベクトル**と考えられますので, 関数f, gの和$f+g$は,

$$(f+g)(x)=f(x)+g(x) \qquad (x\in\boldsymbol{R})$$

のように, **実数の和を通して**定義されます. $\boldsymbol{R}$の各元$x\in\boldsymbol{R}$に, $f(x)+g(x)$を対応させる関数$x\mapsto f(x)+g(x)$を, f, gの和$f+g$と定義するわけです.

これは, 和だけでなく, 関数の差・積も同様です:

$$(f-g)(x)=f(x)-g(x)$$

$$(f\cdot g)(x)=f(x)g(x)$$

また, ベクトルの相等も, **実数の相等を通して**定義されます:

$$\begin{bmatrix} a_1 \\ a_2 \end{bmatrix} = \begin{bmatrix} b_1 \\ b_2 \end{bmatrix} \iff \begin{cases} a_1=b_1 \\ a_2=b_2 \end{cases}$$

関数の相等も事情は, まったく同様です:

$$f=g \iff f(x)=g(x) \qquad \text{for every} \quad x\in A$$

第１章　　行列の基礎

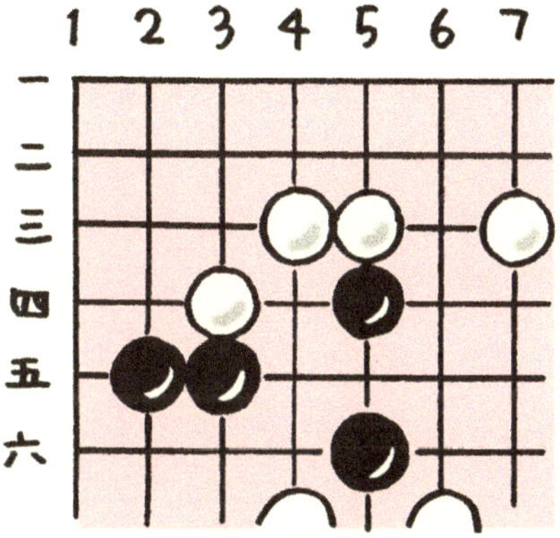

二重添数の偉力

みなさん，こんにちは，これから，線形代数の講義がはじまります．

わたし，平治先生（愛称平治親分）の教え子で，案内役の**ユミ**です．どうぞ，よろしく．

マサキです．よろしく！

行列は，加減乗などの演算をもつ数のコンテナにすぎないけれど，**線形写像の表現**など，多くの応用をもつ**豊かな言語**なんだ．

§1 行列の第一歩

矢線ベクトルさようなら

諸君，ごきげんよう．この講義をベクトルからはじめようか．

ベクトル

ベクトルいうと，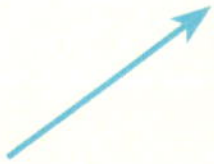という矢印を頭に浮かべる諸君も多いんじゃないかな．「なんだ，またあれか」という諸君の声がきこえてきそうである．でも，ここでは，もう少し一般的な立場から，ベクトルを考えよう．たとえば，

$$\begin{bmatrix} 2 \\ 5 \end{bmatrix}, \quad \begin{bmatrix} 3 \\ 0 \\ -2 \end{bmatrix}, \quad \begin{bmatrix} 4 \\ -3 \\ 5 \\ 1 \end{bmatrix}$$

のように，いくつかの数を縦に並べて，カッコで囲った形（に後述する加法・定数倍を考えたもの）を，**数ベクトル**または単に**ベクトル**という．

ベクトルを構成する個々の数をベクトルの**成分**，成分の個数を，ベクトルの**次元**という．

したがって，上の 3 個のベクトルは，それぞれ，

2 次元，3 次元，4 次元

のベクトルということになるね．

一般に，n 次元の(数)ベクトルは，

$$\begin{bmatrix} a_1 \\ a_2 \\ \vdots \\ a_n \end{bmatrix}$$

4 次元と言っても，SF 世界のお話ではないのね．

のようにかける．このとき，a_1, a_2, …, a_n を，それぞれ，このベクトルの**第 1 成分**，**第 2 成分**，…，**第 n 成分**という．

二つのベクトル $\boldsymbol{a}$, $\boldsymbol{b}$ が同一次元であって，対応する成分がすべて一致するとき，$\boldsymbol{a}$, $\boldsymbol{b}$ は，**等しい**といい，$\boldsymbol{a}=\boldsymbol{b}$ とかく．

太字体（ボールド）の書き方

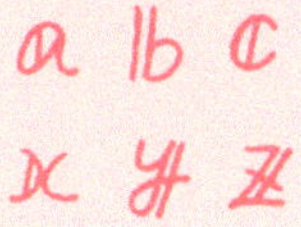

成分が，すべて 0 のベクトル，たとえば，

$$\begin{bmatrix} 0 \\ 0 \\ 0 \end{bmatrix}$$

を，**零（ゼロ）ベクトル**とよび，$\boldsymbol{0}$ などとかく．

ベクトルの和・差・スカラー倍

簡単のため，3 次元の場合についてかくことにする．

ベクトルの演算

$$\boldsymbol{a}=\begin{bmatrix} a_1 \\ a_2 \\ a_3 \end{bmatrix}, \quad \boldsymbol{b}=\begin{bmatrix} b_1 \\ b_2 \\ b_3 \end{bmatrix}$$

のとき

$$\boldsymbol{a}+\boldsymbol{b}=\begin{bmatrix} a_1+b_1 \\ a_2+b_2 \\ a_3+b_3 \end{bmatrix}, \quad \boldsymbol{a}-\boldsymbol{b}=\begin{bmatrix} a_1-b_1 \\ a_2-b_2 \\ a_3-b_3 \end{bmatrix}, \quad s\boldsymbol{a}=\begin{bmatrix} sa_1 \\ sa_2 \\ sa_3 \end{bmatrix}$$

▶**注**　ベクトルに対して，ふつうの数を**スカラー**という．

例

$$\boldsymbol{a}=\begin{bmatrix} 2 \\ 5 \\ 4 \end{bmatrix}, \quad \boldsymbol{b}=\begin{bmatrix} 4 \\ -1 \\ 0 \end{bmatrix}$$

のとき，

$$3\boldsymbol{a}=3\begin{bmatrix} 2 \\ 5 \\ 4 \end{bmatrix}=\begin{bmatrix} 3\times 2 \\ 3\times 5 \\ 3\times 4 \end{bmatrix}=\begin{bmatrix} 6 \\ 15 \\ 12 \end{bmatrix}$$

$$2\boldsymbol{a}+3\boldsymbol{b}=2\begin{bmatrix}2\\5\\4\end{bmatrix}+3\begin{bmatrix}4\\-1\\0\end{bmatrix}$$

$$=\begin{bmatrix}4\\10\\8\end{bmatrix}+\begin{bmatrix}12\\-3\\0\end{bmatrix}$$

$$=\begin{bmatrix}4+\ \ 12\\10+(-3)\\8+\ \ 0\end{bmatrix}=\begin{bmatrix}16\\7\\8\end{bmatrix}$$

ベクトルの計算は，**各成分ごとに**，ふつうの数の計算を行っているだけだから，**数と同じように計算できる**わけだね．

行　列

たとえば，

$$\begin{bmatrix}3&0&2\\1&5&4\end{bmatrix},\quad\begin{bmatrix}4&-3\\0&2\end{bmatrix},\quad\begin{bmatrix}5&-1\\4&0\\6&3\end{bmatrix}$$

のように，数を長方形状に並べて，カッコで囲んだ形(に後述の和差積を考えたもの)を，**行列**という．

一般に，次のような mn 個の数の配列

1列　2列　n列

$$\begin{matrix}1\text{行}\rightarrow\\2\text{行}\rightarrow\\\\m\text{行}\rightarrow\end{matrix}\begin{bmatrix}a_{11}&a_{12}&\cdots&a_{1n}\\a_{21}&a_{22}&\cdots&a_{2n}\\\vdots&\vdots&&\vdots\\a_{m1}&a_{m2}&\cdots&a_{mn}\end{bmatrix}$$

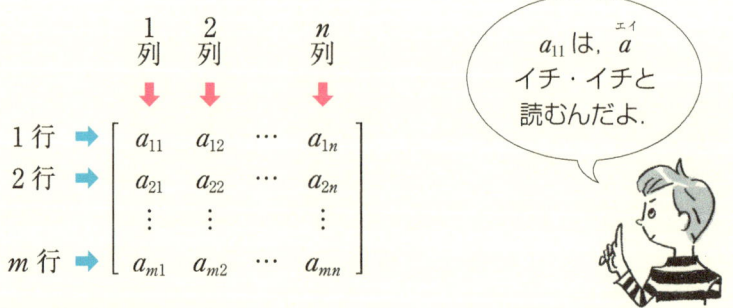

を，$(\boldsymbol{m},\ \boldsymbol{n})$**型**行列という．

このとき，成分の横の並びを**行**，縦(たて)の並びを**列**とよび，i 行と j 列が

共有する a_{ij} を，この行列の $(\boldsymbol{i},\ \boldsymbol{j})$ **成分**
という．

▶**注**　a_{ij} のような番号を**二重添数**（てんすう）という．

平面座標 $(x,\ y)$ は，点の二重の位置表示であり，数学の講義室が 523 番教室（5 号館・2 階・3 番目）というのは，三重の室番号である．

二つの行列 A, B が，同一の型であって，対応する成分がすべて一致するとき，行列 A, B は，**等しい**といい，$A=B$ とかく．

行列の和・差・スカラー倍

簡単のため，(2, 3) 型行列の場合についてかくことにする．

$$A=\begin{bmatrix} a_{11} & a_{12} & a_{13} \\ a_{21} & a_{22} & a_{23} \end{bmatrix},\quad B=\begin{bmatrix} b_{11} & b_{12} & b_{13} \\ b_{21} & b_{22} & b_{23} \end{bmatrix}$$

のとき，

$$A+B=\begin{bmatrix} a_{11}+b_{11} & a_{12}+b_{12} & a_{13}+b_{13} \\ a_{21}+b_{21} & a_{22}+b_{22} & a_{23}+b_{23} \end{bmatrix}$$

$$A-B=\begin{bmatrix} a_{11}-b_{11} & a_{12}-b_{12} & a_{13}-b_{13} \\ a_{21}-b_{21} & a_{22}-b_{22} & a_{23}-b_{23} \end{bmatrix}$$

$$sA=\begin{bmatrix} sa_{11} & sa_{12} & sa_{13} \\ sa_{21} & sa_{22} & sa_{23} \end{bmatrix}$$

行列の和・差・スカラー倍

例　$A=\begin{bmatrix} 2 & 5 \\ 3 & 4 \end{bmatrix},\quad B=\begin{bmatrix} 4 & -1 \\ 0 & 6 \end{bmatrix}$

のとき，

$$5A=5\begin{bmatrix} 2 & 5 \\ 3 & 4 \end{bmatrix}=\begin{bmatrix} 5\times 2 & 5\times 5 \\ 5\times 3 & 5\times 4 \end{bmatrix}=\begin{bmatrix} 10 & 25 \\ 15 & 20 \end{bmatrix}$$

$$2A+3B=2\begin{bmatrix}2&5\\3&4\end{bmatrix}+3\begin{bmatrix}4&-1\\0&6\end{bmatrix}$$
$$=\begin{bmatrix}4&10\\6&8\end{bmatrix}+\begin{bmatrix}12&-3\\0&18\end{bmatrix}$$
$$=\begin{bmatrix}4+12&10+(-3)\\6+0&8+18\end{bmatrix}=\begin{bmatrix}16&7\\6&26\end{bmatrix}$$

いろいろな行列

この機会に，しばしば登場する特殊な行列を挙げておこう．

- **行ベクトル**（横ベクトル） … $(1, n)$ 型行列
- **列ベクトル**（縦ベクトル） … $(m, 1)$ 型行列
- **ゼロ行列** … すべての成分が0の (m, n)型行列．O とかく．
- **正方行列** … 行と列の個数が一致する行列．
  (n, n)型行列を，$\boldsymbol{n}$ **次**正方行列という．
  (1, 1)成分，(2, 2)成分，… を，**対角成分**という．
- **上三角行列** … 対角成分より下の成分が，すべて0の正方行列
- **下三角行列** … 対角成分より上の成分が，すべて0の正方行列
- **對角行列** … 対角成分以外が，すべて0の正方行列．
- **単位行列** … 対角成分が，すべて1の n 次対角行列．E, I などとかく．

◀ Einheit（独）の E，Identity の I

例　念のため，具体例を挙げておく．

$$O=\begin{bmatrix}0&0&0\\0&0&0\end{bmatrix}$$: (2, 3)型ゼロ行列

$$\begin{bmatrix}3&0&4\\0&2&9\\0&0&5\end{bmatrix}$$: 上三角行列

◀ 対角成分より下がすべて0であればよく，上に0があってもー向にかまわない．

$$\begin{bmatrix}3&0&0\\0&2&0\\4&9&5\end{bmatrix}$$: 下三角行列

$$\begin{bmatrix} 2 & 0 & 0 \\ 0 & 7 & 0 \\ 0 & 0 & 3 \end{bmatrix}$$：対角行列

$$E=\begin{bmatrix} 1 & 0 & 0 \\ 0 & 1 & 0 \\ 0 & 0 & 1 \end{bmatrix}$$：3次単位行列

プラスα　Matrix

“行列”は，英語の

matrix【méitriks めいトリクス】名鋳型【印】母型

の翻訳です．

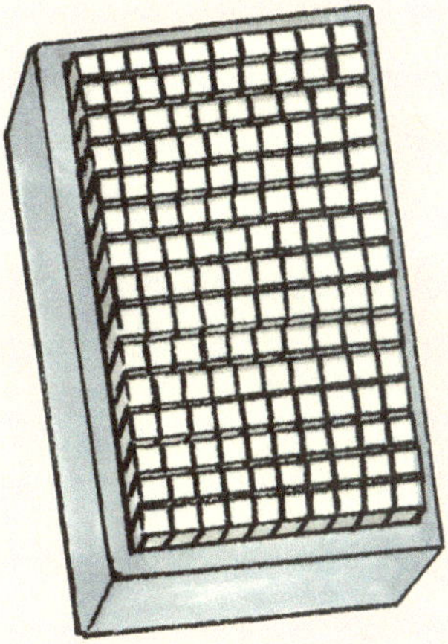

現在では，印刷に活字を使うことは，ほとんどありませんが，1970年代までは，どこの印刷所でも，植字工という職人さんが，ピンセットで活字を拾い，一字一字木製枠の鋳型に差しこんでいました．

長方形状の枠に数を記入する“行列”を，matrix というのも，なるほど！ですね．

なお，**行列**という訳語は，数学史に名を残すかの高木貞治先生（1875-1960）によるもので，**matrix** の命名は，Sylvester（シルベスター）先生（1841-1897）です．

例題 1.1　　行列の型・成分

(1)　次の各行列の型は何か．

また，行列 A の(3, 2)成分は，何か．

$$A=\begin{bmatrix} 1 & 4 & 1 \\ 4 & -2 & 1 \\ 3 & 5 & 6 \\ 2 & -3 & 7 \end{bmatrix},\quad B=\begin{bmatrix} 3 & 1 & 4 \\ 1 & 5 & 9 \\ 2 & 6 & 5 \end{bmatrix},\quad C=\begin{bmatrix} 0 \\ 1 \\ 2 \\ 0 \end{bmatrix}$$

(2)　$(i,\ j)$成分が，$5i-3j$ であるような (3, 4)型行列を具体的にかき下せ．

[解答]　(1)　行列 A の行と列は，下のようである：

$$\begin{array}{r|ccc|}
 & 1\text{列} & 2\text{列} & 3\text{列} \\
1\text{行}\ \Rightarrow & 1 & 4 & 1 \\
2\text{行}\ \Rightarrow & 4 & -2 & 1 \\
3\text{行}\ \Rightarrow & 3 & 5 & 6 \\
4\text{行}\ \Rightarrow & 2 & -3 & 7
\end{array}$$

行 … 横の並び
列 … 縦の並び

行 4 個，列 3 個から成るから，

行列 A の型は，(4, 3)．

同様に，

行列 B の型は，(3, 3)［3 次正方行列］

行列 C の型は，(4, 1)［4 次元列ベクトル］

行列 A の (3, 2) 成分は，

3 行と 2 列の交叉点の成分

だから，5 である．

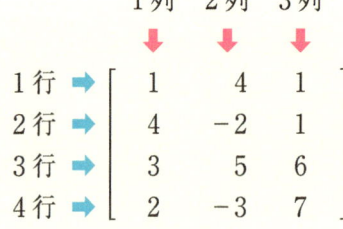

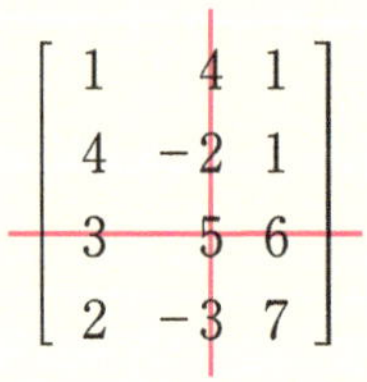

(2) $$(i,\ j)\text{成分}=5i-3j$$

たとえば,

$$(3,\ 2)\text{成分}=5\times 3-3\times 2=9$$

同様に，他の成分も計算して，求める (3, 4)型行列は,

$$\begin{bmatrix} 5\times 1-3\times 1 & 5\times 1-3\times 2 & 5\times 1-3\times 3 & 5\times 1-3\times 4 \\ 5\times 2-3\times 1 & 5\times 2-3\times 2 & 5\times 2-3\times 3 & 5\times 2-3\times 4 \\ 5\times 3-3\times 1 & 5\times 3-3\times 2 & 5\times 3-3\times 3 & 5\times 3-3\times 4 \end{bmatrix}$$

$$=\begin{bmatrix} 2 & -1 & -4 & -7 \\ 7 & 4 & 1 & -2 \\ 12 & 9 & 6 & 3 \end{bmatrix}$$

演習問題 1.1

(1) 次の各行列の型は何か．また，行列 A の (2, 4)成分は何か.

$$A=\begin{bmatrix} 1 & 7 & 3 & 2 \\ 0 & 5 & 0 & 8 \\ 0 & 7 & 5 & 6 \end{bmatrix},\quad B=\begin{bmatrix} 2 & 3 \end{bmatrix},\quad C=\begin{bmatrix} 5 & -6 \\ 7 & 8 \end{bmatrix}$$

(2) $(i,\ j)$成分が，$(-1)^{i+j}\times(2i-3j)$ であるような (2, 3)型行列を具体的にかき下せ.

例題 1.2　　行列の和・スカラー倍

ある高校の男女のクラス別在席者数は，右の表のようである．

(1)　男子在席者数の行列 A，女子在席者数の行列 B を作れ．

(2)　$A+B$ を作れ．これは，何を表わす行列か．

(3)　学級費を一人 1500 円ずつ集めるとき，クラスごとに集まる金額を表わす行列を作れ．

男　子

組＼学年	1	2	3
1	23	24	20
2	22	21	19

女　子

組＼学年	1	2	3
1	22	23	20
2	24	21	21

[解答]　(1)　$A=\begin{bmatrix} 23 & 24 & 20 \\ 22 & 21 & 19 \end{bmatrix}$,　$B=\begin{bmatrix} 22 & 23 & 20 \\ 24 & 21 & 21 \end{bmatrix}$

(2)　
$$A+B=\begin{bmatrix} 23 & 24 & 20 \\ 22 & 21 & 19 \end{bmatrix}+\begin{bmatrix} 22 & 23 & 20 \\ 24 & 21 & 21 \end{bmatrix}$$
$$=\begin{bmatrix} 23+22 & 24+23 & 20+20 \\ 22+24 & 21+21 & 19+21 \end{bmatrix}$$
$$=\begin{bmatrix} 45 & 47 & 40 \\ 46 & 42 & 40 \end{bmatrix}$$

◀ 成分ごとに加える．

これは，クラス別(総)在席者数を表わす．

(3)　
$$1500(A+B)=1500\begin{bmatrix} 45 & 47 & 40 \\ 46 & 42 & 40 \end{bmatrix}$$
$$=\begin{bmatrix} 1500\times 45 & 1500\times 47 & 1500\times 40 \\ 1500\times 46 & 1500\times 42 & 1500\times 40 \end{bmatrix}$$
$$=\begin{bmatrix} 67500 & 70500 & 60000 \\ 69000 & 63000 & 60000 \end{bmatrix}$$

プラスα　行列のブロック分割

何本かの縦線と横線で，行列の成分の配列を分割することを，**行列のブロック分割**といいます．たとえば，

$$A=\left[\begin{array}{ccc|c} 3 & 1 & 4 & 1 \\ 5 & 9 & 2 & 6 \\ \hline 5 & 3 & 5 & 8 \end{array}\right]$$

のようなブロック分割を考え，各ブロック(区画)を，

$$P=\begin{bmatrix} 3 & 1 & 4 \\ 5 & 9 & 2 \end{bmatrix},\quad Q=\begin{bmatrix} 1 \\ 6 \end{bmatrix}$$

$$R=\begin{bmatrix} 5 & 3 & 5 \end{bmatrix},\quad S=\begin{bmatrix} 8 \end{bmatrix}$$

とおくとき，行列 A を次のようにかくことがあります．

$$A=\begin{bmatrix} P & Q \\ R & S \end{bmatrix}$$

(以下，行列の乗法学習後の p. 51 に続きます)

演習問題 1.2

あるカルチャーセンターでのパソコン教室の受講応募者数・出席者数は，右の表のようである．

(1)　応募者数を表わす行列 A
　　出席者数を表わす行列 B
　を作れ．

(2)　受講料は，応募者一律一人6300円である．時間帯・級別に集まる受講料を表わす行列を作れ．

(3)　$A-B$ を作れ．これは何を表わす行列か．

応募者

	初級	上級
午　前	28	15
午　後	30	20
夜　間	35	24

出席者

	初級	上級
午　前	25	15
午　後	28	18
夜　間	33	20

§2 行列の乗法

単価×個数＝総額 の一般化

行列の積

あるフルーツショップで，大小の詰め合わせ篭(カゴ)を売っている．

これらの内容は，次のようである：

	大	小
リンゴ	5 個/カゴ	3 個/カゴ
ミカン	6 〃	4 〃

この店で，なぜか，ユミさんとマサキ君は，それぞれ，

	ユミ	マサキ
大カゴ	2 カゴ	1 カゴ
小カゴ	3 〃	2 〃

だけ買った．このとき，二人は，リンゴ・ミカンを，それぞれ，計何個ずつ買ったのだろうか？

	ユミ	マサキ
リンゴ	? 個	? 個
ミカン	? 〃	? 〃

ユミさんの買った果物の総数は，大小のカゴの中味を合計して，

リンゴ：$(5^{個/カゴ} \times 2^{カゴ}) + (3^{個/カゴ} \times 3^{カゴ}) = 10^{個} + 9^{個} = 19^{個}$

ミカン：$(6^{個/カゴ} \times 2^{カゴ}) + (4^{個/カゴ} \times 3^{カゴ}) = 12^{個} + 12^{個} = 24^{個}$

同様に，マサキ君の分も計算して，表を完成すれば，

	ユミ	マサキ
リンゴ	$19^{個}$	$11^{個}$
ミカン	$24''$	$14''$

となるが，この事実を，次のように，**行列の積**の形で表わそう：

$$\begin{matrix} & 大 & 小 \\ リン & & \\ ミカ & & \end{matrix} \begin{bmatrix} 5 & 3 \\ 6 & 4 \end{bmatrix} \begin{matrix} & ユミ & マサ \\ 大 & & \\ 小 & & \end{matrix}\begin{bmatrix} 2 & 1 \\ 3 & 2 \end{bmatrix} = \begin{matrix} & ユミ & マサ \\ リン & & \\ ミカ & & \end{matrix}\begin{bmatrix} 19 & 11 \\ 24 & 14 \end{bmatrix}$$

◀ 小さい赤字は説明のためのもの

この積は，小学校の「かけざん」と同じで，

1あたり量×いくら分＝全体の量　　◀ これが乗法の基本

の形になっていることに注意していただきたい．

以上の計算過程から，

　　　　　　　　一般の行列の積の計算方法

が分かるね．いま，たとえば，

$$A = \begin{bmatrix} 5 & 3 \\ 6 & 4 \end{bmatrix}, \quad B = \begin{bmatrix} 2 & 1 \\ 3 & 2 \end{bmatrix}$$

とおこう．

$$\begin{bmatrix} 2 & \boxed{1} \\ 3 & \boxed{2} \end{bmatrix} \qquad [\,B\,]$$

$$\begin{bmatrix} 5 & 3 \\ \underline{6\ 4} \end{bmatrix}\begin{bmatrix} \\ \ \circledcirc \end{bmatrix} \qquad [\,A\,][\,AB\,]$$

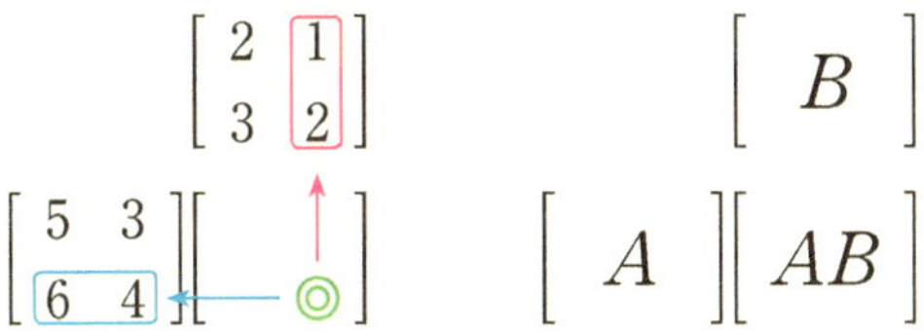

たとえば，積 AB の ◎ 印の成分は，

$\boxed{6\quad 4}$ と $\boxed{\begin{matrix}1\\2\end{matrix}}$ の積和（掛けて加える！）

になっているね：

$$=(6\times1)+(4\times2)=14$$

他の成分も，同様に計算してみると，

$$AB=\begin{bmatrix}5 & 3\\6 & 4\end{bmatrix}\begin{bmatrix}2 & 1\\3 & 2\end{bmatrix}$$

$$=\begin{bmatrix}(5\times2)+(3\times3) & (5\times1)+(3\times2)\\(6\times2)+(4\times3) & (6\times1)+(4\times2)\end{bmatrix}=\begin{bmatrix}19 & 11\\24 & 14\end{bmatrix}$$

行列の積

一般に，$(l,\ m)$型行列 A，$(m,\ n)$型行列 B

$$A=\begin{bmatrix}a_{11} & a_{12} & \cdots & a_{1m}\\a_{11} & a_{22} & \cdots & a_{2m}\\\vdots & \vdots & & \vdots\\a_{l1} & a_{l2} & \cdots & a_{lm}\end{bmatrix},\quad B=\begin{bmatrix}b_{11} & b_{12} & \cdots & b_{1n}\\b_{11} & b_{22} & \cdots & b_{2n}\\\vdots & \vdots & & \vdots\\b_{m1} & b_{m2} & \cdots & b_{mn}\end{bmatrix}$$

が与えられたとき，$(i,\ j)$成分が，

$$c_{ij}=a_{i1}b_{1j}+a_{i2}b_{2j}+\ \cdots\ +a_{im}b_{mj}$$

であるような $(l,\ n)$型行列

$$C=\begin{bmatrix}c_{11} & c_{12} & \cdots & c_{1n}\\c_{21} & c_{22} & \cdots & c_{2n}\\\vdots & \vdots & & \vdots\\c_{l1} & c_{l2} & \cdots & c_{ln}\end{bmatrix}$$

を，行列 A と行列 B の**積**とよび，AB とかく．

▶**注**　“A の列の数$=B$ の行の数”のときだけ，積 AB を考える．

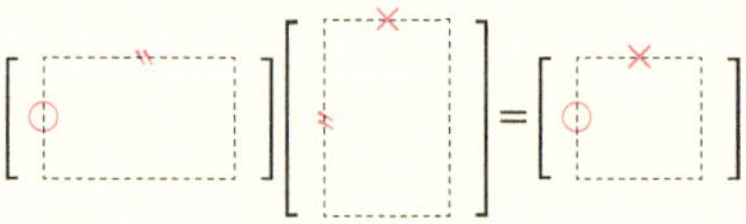

行列は，新しい世界である．何が起こるか興味津々（しんしん）である．

例 $\begin{bmatrix} 1 & 2 \\ 0 & 3 \end{bmatrix}\begin{bmatrix} 4 & 5 \\ 2 & 1 \end{bmatrix}=\begin{bmatrix} 8 & 7 \\ 6 & 3 \end{bmatrix}$

$\begin{bmatrix} 4 & 5 \\ 2 & 1 \end{bmatrix}\begin{bmatrix} 1 & 2 \\ 0 & 3 \end{bmatrix}=\begin{bmatrix} 4 & 23 \\ 2 & 7 \end{bmatrix}$

How to

行列の積

左 … ヨコ割り

右 … タテ割り

この例から，行列の世界では，

$AB=BA$ が成立しないことがある

ことが分かる．

したがって，たとえば，

$$(A-B)(A+B)=A(A+B)-B(A+B)$$

◀ 分配法則は使える．

$$=A^2+AB-BA-B^2$$

というところまでは計算できるけれども，$AB=BA$ だとはかぎらないから，この式を，さらに，

$$=A^2-B^2$$

と整理することはできないのだ．いいね．

とくに，$AB=BA$ が成立するとき，A，B は**可換**（かかん）であるという．

例 $\begin{bmatrix} 1 & 2 \\ 2 & 4 \end{bmatrix}\begin{bmatrix} 8 & -6 \\ -4 & 3 \end{bmatrix}=\begin{bmatrix} 0 & 0 \\ 0 & 0 \end{bmatrix}$

この例は，O でない二つの行列 $A \neq O$，$B \neq O$ を掛けると，突然，$AB=O$ になる行列があることを示している．このような行列を，

ゼロ因子

◀ 0（ゼロ）の因数の意味

ということがある．

したがって，数や式の計算のように，

$$(X-A)(X-B)=O$$

$$\therefore \quad X-A=O \quad \text{または} \quad X-B=O$$

とすることはできない．

例題 2.1　　行列の積

次の行列の積を計算せよ．

(1) $\begin{bmatrix} 2 & 1 & 3 \\ 1 & 0 & 5 \end{bmatrix}\begin{bmatrix} 4 & 3 \\ 7 & 6 \\ 2 & 1 \end{bmatrix}$

(2) $\begin{bmatrix} 2 & -7 & 4 \end{bmatrix}\begin{bmatrix} 1 \\ 2 \\ 3 \end{bmatrix}$

(3) $\begin{bmatrix} 1 \\ 2 \\ 3 \end{bmatrix}\begin{bmatrix} 2 & -7 & 4 \end{bmatrix}$

Point

左に A，右上に B を置けば，**積 AB の型は自然に決まる．**

掛けて・加えると，成分が得られる．

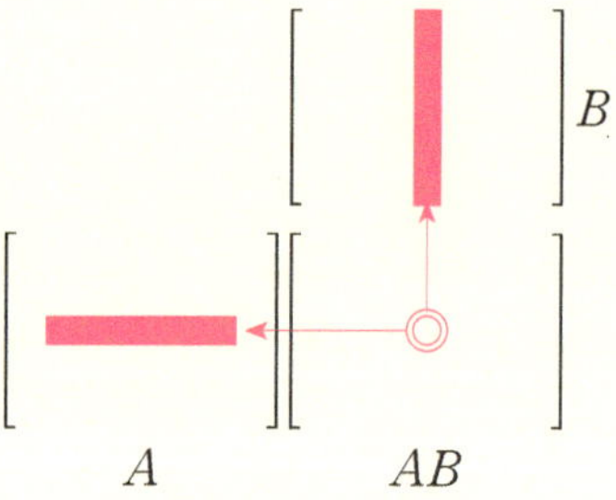

問題の (1)，(2)，(3) については，

(1)

$$\begin{bmatrix} 2 & 1 & 3 \\ 1 & 0 & 5 \end{bmatrix}\begin{bmatrix} 4 & 3 \\ 7 & 6 \\ 2 & 1 \end{bmatrix}$$

◎ $= (1\times 3) + (0\times 6) + (5\times 1)$

$= 3+0+5$

$= 8$

(2)

$$\begin{array}{cc} & \begin{bmatrix} 1 \\ 2 \\ 3 \end{bmatrix} \\ \begin{bmatrix} 2 & -7 & 4 \end{bmatrix} & \begin{bmatrix} \quad \end{bmatrix} \end{array}$$

(3)

$$\begin{array}{cc} & \begin{bmatrix} 2 & -7 & 4 \end{bmatrix} \\ \begin{bmatrix} 1 \\ 2 \\ 3 \end{bmatrix} & \begin{bmatrix} \quad & \quad & \quad \\ & & \\ & & \end{bmatrix} \end{array}$$

[解答] 行列の積 … **左はヨコ割り・右はタテ割り**

(1) $\begin{bmatrix} 2 & 1 & 3 \\ 1 & 0 & 5 \end{bmatrix}\begin{bmatrix} 4 & 3 \\ 7 & 6 \\ 2 & 1 \end{bmatrix}$

$$=\begin{bmatrix} (2\times4)+(1\times7)+(3\times2) & (2\times3)+(1\times6)+(3\times1) \\ (1\times4)+(0\times7)+(5\times2) & (1\times3)+(0\times6)+(5\times1) \end{bmatrix}$$

$$=\begin{bmatrix} 21 & 15 \\ 14 & 8 \end{bmatrix}$$

(2) $\begin{bmatrix} 2 & -7 & 4 \end{bmatrix}\begin{bmatrix} 1 \\ 2 \\ 3 \end{bmatrix}=\begin{bmatrix} 0 \end{bmatrix}$

(3) $\begin{bmatrix} 1 \\ 2 \\ 3 \end{bmatrix}\begin{bmatrix} 2 & -7 & 4 \end{bmatrix}=\begin{bmatrix} 2 & -7 & 4 \\ 4 & -14 & 8 \\ 6 & -21 & 12 \end{bmatrix}$

◀ (2), (3) は $AB \neq BA$ の例にもなっている.

演習問題 2.1

次の行列の積を計算せよ.

(1) $\begin{bmatrix} 4 & 3 \\ 7 & 6 \\ 2 & 1 \end{bmatrix}\begin{bmatrix} 2 & 1 & 3 \\ 1 & 0 & 5 \end{bmatrix}$

(2) $\begin{bmatrix} a & b & c \end{bmatrix}\begin{bmatrix} x \\ y \\ z \end{bmatrix}$ (3) $\begin{bmatrix} a \\ b \\ c \end{bmatrix}\begin{bmatrix} x & y & z \end{bmatrix}$

§3 逆行列

逆行列 A^{-1} は逆数 a^{-1} より精密

行列の計算法則

行列の計算と従来の数や数式の計算とを比較してみよう.

●数の計算

	加法	乗法
結合法則	$(a+b)+c=a+(b+c)$	$(ab)c=a(bc)$
交換法則	$a+b=b+a$	$ab=ba$
分配法則	$\begin{cases} a(b+c)=ab+ac \\ (a+b)c=ac+bc \end{cases}$	
単位元	$a+0=0+a=a$	$a\cdot 1=1\cdot a=a$
ゼロ因子	$a\neq 0,\ b\neq 0 \Rightarrow ab\neq 0$	ゼロ因子なし

●行列の計算

	加法	乗法
結合法則	$(A+B)+C=A+(B+C)$	$(AB)C=A(BC)$
交換法則	$A+B=B+A$	成立しない
分配法則	$\begin{cases} A(B+C)=AB+AC \\ (A+B)C=AC+BC \end{cases}$	
単位元	$A+O=O+A=A$	$AE=EA=A$
ゼロ因子	$A\neq O,\ B\neq O,\ AB=O$ のことあり. ゼロ因子あり	

例 $\begin{bmatrix} 2 & 5 \\ 3 & 7 \end{bmatrix}\begin{bmatrix} 1 & 0 \\ 0 & 1 \end{bmatrix}=\begin{bmatrix} 2 & 5 \\ 3 & 7 \end{bmatrix}$ ◀ $AE=A$

$$\begin{bmatrix} 2 & 5 \\ 3 & 7 \end{bmatrix}\begin{bmatrix} 0 & 0 \\ 0 & 0 \end{bmatrix}=\begin{bmatrix} 0 & 0 \\ 0 & 0 \end{bmatrix}$$

◀ $AO=O$

単位行列 E, ゼロ行列 O は, それぞれ, 数の世界の 1, 0 に相当する.

正則行列

行列の掛け算は, 交換法則を満たさないのであった. その逆演算である行列の割り算も, 数の割り算と異なる現象が起こるにちがいない.

いま, 勝手な行列 A, B をもってきたとき,

$$AX=B, \quad YA=B$$

となる行列 X, Y がつねに存在するだろうか?

もし, 存在したら, $X=Y$ なのだろうか?

具体例で考えよう. たとえば,

$$A=\begin{bmatrix} 1 & 0 \\ 0 & 0 \end{bmatrix}, \quad B=\begin{bmatrix} 1 & 0 \\ 0 & 1 \end{bmatrix}$$

に対して, $AX=B$ となる X を探してみよう.

$$X=\begin{bmatrix} x_1 & y_1 \\ x_2 & y_2 \end{bmatrix}$$

とおけば, $AX=B$ は,

$$\begin{bmatrix} 1 & 0 \\ 0 & 0 \end{bmatrix}\begin{bmatrix} x_1 & y_1 \\ x_2 & y_2 \end{bmatrix}=\begin{bmatrix} 1 & 0 \\ 0 & 1 \end{bmatrix}$$

$$\therefore \quad \begin{bmatrix} x_1 & y_1 \\ 0 & 0 \end{bmatrix}=\begin{bmatrix} 1 & 0 \\ 0 & 1 \end{bmatrix}$$

◀ 両辺の (2, 2) 成分が異なる

この等式は成立しない.

与えられた A, B に対して, $AX=B$ となる行列 X は, いつもいつも存在するとはかぎらないのだ.

また, たとえば,

$$A=\begin{bmatrix} 1 & 1 \\ 1 & 2 \end{bmatrix}, \quad B=\begin{bmatrix} 1 & 0 \\ 0 & 0 \end{bmatrix}$$

のとき，

$$X=\begin{bmatrix} 2 & 0 \\ -1 & 0 \end{bmatrix}, \quad Y=\begin{bmatrix} 2 & -1 \\ 0 & 0 \end{bmatrix}$$

とおけば，$AX=B$，$YA=B$ は，

$$\begin{bmatrix} 1 & 1 \\ 1 & 2 \end{bmatrix}\begin{bmatrix} 2 & 0 \\ -1 & 0 \end{bmatrix}=\begin{bmatrix} 1 & 0 \\ 0 & 0 \end{bmatrix}$$

$$\begin{bmatrix} 2 & -1 \\ 1 & 0 \end{bmatrix}\begin{bmatrix} 1 & 1 \\ 1 & 2 \end{bmatrix}=\begin{bmatrix} 1 & 0 \\ 0 & 0 \end{bmatrix}$$

のように成立する．しかし，$X=Y$ ではない．

行列の割り算は，数の割り算より精密なのだ．

数の世界では，$a\neq 0$ のとき，$ax=b$ なる x は，

$$x=\frac{1}{a}\times b=a^{-1}b$$

のように，a の逆数 $\dfrac{1}{a}$ すなわち a^{-1} を掛ければよいのだった．

そこで，行列も“逆数”を考えることから始めよう．

さて，一般に，n 次正方行列 A に対して，

$$AX=XA=E \quad \cdots\cdots\cdots\cdots\cdots\cdots\cdots\cdots \quad (*)$$

を満たす行列 X が存在するとき，行列 A は**正則**(せいそく)である，という．

前ページで見たように，たとえば，$A=\begin{bmatrix} 1 & 0 \\ 0 & 0 \end{bmatrix}$ は，正則ではなかった．

“A は正則”という条件は，“$A\neq O$”より強いのだ．

ところで，行列 A が正則であるとき，正則条件（＊）を満たす X は，**ただ一つだけ**であることは，次のように容易に分かる：

いま，X_1，X_2 が，ともに（＊）を満たすとすれば，

$$X_1A=E, \quad AX_2=E$$

だから，

$$X_1=X_1E=X_1(AX_2)=(X_1A)X_2=EX_2=X_2$$

逆行列

そこで，正則行列 A に対して，$AX=XA=E$ なるただ一つの X を，

$$A^{-1}$$

◀ A インバースと読む

とかき，A の**逆行列**という．

例　$A=\begin{bmatrix} 2 & -5 \\ -3 & 7 \end{bmatrix}$，$X=\begin{bmatrix} -7 & -5 \\ -3 & -2 \end{bmatrix}$ は，次を満たす：

$$AX=E,\quad XA=E$$

$$AX=\begin{bmatrix} 2 & -5 \\ -3 & 7 \end{bmatrix}\begin{bmatrix} -7 & -5 \\ -3 & -2 \end{bmatrix}=\begin{bmatrix} 1 & 0 \\ 0 & 1 \end{bmatrix}$$

$$XA=\begin{bmatrix} -7 & -5 \\ -3 & -2 \end{bmatrix}\begin{bmatrix} 2 & -5 \\ -3 & 7 \end{bmatrix}=\begin{bmatrix} 1 & 0 \\ 0 & 1 \end{bmatrix}$$

したがって，$X=A^{-1}$（X は A の逆行列）である．

それでは，逆行列についてまとめておこう．

逆行列

○**定　義**　$AA^{-1}=A^{-1}A=E$

○**性　質**　(1)　$(A^{-1})^{-1}=A$

(2)　$(AB)^{-1}=B^{-1}A^{-1}$　［**積の順序に注意！**］

性質の証明　次の等式と逆行列の一意性から明らか：

(1)　$A^{-1}A=AA^{-1}=E$　………………………　（＊＊）

(2)　$(AB)(B^{-1}A^{-1})=A(BB^{-1})A^{-1}=AEA^{-1}=E$

$(B^{-1}A^{-1})(AB)=B^{-1}(A^{-1}A)B=B^{-1}EB=E$

▶**注**　えっ？と頸（くび）をかしげる諸君もおられよう．

A^{-1} の逆行列 $(A^{-1})^{-1}$ は，次を満たす X のことだね：

$$A^{-1}X=XA^{-1}=E$$

ところで，（＊＊）は，$X=A$ がこの式を満たすことを示している．$(A^{-1})^{-1}$ は，**ただ一つだけ**だから，この $X=A$ が，$(A^{-1})^{-1}$ だということになるわけ．いいね．

例題 3.1 **2次逆行列**

(1) $A=\begin{bmatrix} a & b \\ c & d \end{bmatrix}$ に対して，$\tilde{A}=\begin{bmatrix} d & -b \\ -c & a \end{bmatrix}$ とおく．

積 $A\tilde{A}$, $\tilde{A}A$ を計算し，逆行列 A^{-1} を求めよ．

ただし，$ad-bc\neq 0$ とする．

◀ $\tilde{A}$ は A チルダと読む

(2) $A=\begin{bmatrix} 2 & 1 \\ 5 & 3 \end{bmatrix}$, $B=\begin{bmatrix} 1 & -3 \\ 2 & -4 \end{bmatrix}$

のとき，A^{-1}, B^{-1}, $(A^{-1})^{-1}$ を計算せよ．

[解答] (1) $A\tilde{A}$, $\tilde{A}A$ を具体的に計算する．

$$A\tilde{A}=\begin{bmatrix} a & b \\ c & d \end{bmatrix}\begin{bmatrix} d & -b \\ -c & a \end{bmatrix}$$

$$=\begin{bmatrix} ad-bc & 0 \\ 0 & ad-bc \end{bmatrix}=(ad-bc)E$$

$$\tilde{A}A=\begin{bmatrix} d & -b \\ -c & a \end{bmatrix}\begin{bmatrix} a & b \\ c & d \end{bmatrix}$$

$$=\begin{bmatrix} ad-bc & 0 \\ 0 & ad-bc \end{bmatrix}=(ad-bc)E$$

したがって，

$$A\tilde{A}=\tilde{A}A=(ad-bc)E$$

$$\therefore \quad A\cdot\frac{1}{ad-bc}\tilde{A}=\frac{1}{ad-bc}\tilde{A}\cdot A=E$$

ゆえに，$\dfrac{1}{ad-bc}\tilde{A}$ は逆行列の条件を満たしているから，

$$A^{-1}=\frac{1}{ad-bc}\tilde{A}=\frac{1}{ad-bc}\begin{bmatrix} d & -b \\ -c & a \end{bmatrix} \qquad (ad-bc\neq 0)$$

◀ a, d を入れかえ，b, c にマイナスをつける

逆行列

$$A=\begin{bmatrix} a & b \\ c & d \end{bmatrix},\quad ad-bc\neq 0$$

のとき,

$$A^{-1}=\frac{1}{ad-bc}\begin{bmatrix} d & -b \\ -c & a \end{bmatrix}$$

(2) $A^{-1}=\dfrac{1}{2\cdot 3-1\cdot 5}\begin{bmatrix} 3 & -1 \\ -5 & 2 \end{bmatrix}=\begin{bmatrix} 3 & -1 \\ -5 & 2 \end{bmatrix}$

$$B^{-1}=\frac{1}{1\cdot(-4)-(-3)\cdot 2}\begin{bmatrix} -4 & -(-3) \\ -2 & 1 \end{bmatrix}$$

$$=\begin{bmatrix} -2 & 3/2 \\ -1 & 1/2 \end{bmatrix}$$

◀ $\dfrac{1}{2}\begin{bmatrix} -4 & 3 \\ -2 & 1 \end{bmatrix}$ でもよい.

$$(A^{-1})^{-1}=\frac{1}{3\cdot 2-(-1)\cdot(-5)}\begin{bmatrix} 2 & -(-1) \\ -(-5) & 3 \end{bmatrix}$$

$$=\begin{bmatrix} 2 & 1 \\ 5 & 3 \end{bmatrix}$$

演習問題 3.1

$$A=\begin{bmatrix} 1 & 2 \\ 1 & 3 \end{bmatrix},\quad B=\begin{bmatrix} 2 & -7 \\ -1 & 3 \end{bmatrix}$$

のとき,具体的に計算して,次を確認せよ:

$$(AB)^{-1}=B^{-1}A^{-1},\quad (AB)^{-1}\neq A^{-1}B^{-1}$$

第２章　基本変形と１次方程式

基本変形はマスターキー

基本変形は，ある行列から新しい行列を作り出す変形方法で，なんと，中学で学んだ連立１次方程式の**加減法**が，その**ルーツ**なんだ．

行列の階数（ランク）の計算・逆行列の計算など，ほぼ類似のアルゴリズムを与えます．

行列の基本変形は，理論的にも実用的にも重要な，線形代数の**マスターキー**です．

§4 基本変形と行列の階数

ルーツは加減法

基本変形

基本変形のルーツは，連立１次方程式の**加減法**である．

いま，次の連立１次方程式を加減法で解いてみよう：

$$\begin{cases} 4x+3y=-8 & \cdots\cdots \quad ① \\ 5x+6y=-1 & \cdots\cdots \quad ② \end{cases}$$

さらに，解法の進行状況を，右側に係数だけ取り出して，行列の形で眺めることにする．

$$\begin{cases} 4x+3y=-8 & \cdots \quad ① \\ 5x+6y=-1 & \cdots \quad ② \end{cases} \qquad \left[\begin{array}{cc|c} 4 & 3 & -8 \\ 5 & 6 & -1 \end{array}\right]$$

①×(－2) を②に加えて，　　　1 行×(−2) を 2 行に加えて，

$$\begin{cases} 4x+3y=-8 & \cdots \quad ①' \\ -3x \qquad = 15 & \cdots \quad ②' \end{cases} \qquad \left[\begin{array}{cc|c} 4 & 3 & -8 \\ -3 & 0 & 15 \end{array}\right]$$

②×4/3 を①′ に加えて，　　　2 行×4/3 を 1 行に加えて，

$$\begin{cases} 3y=12 & \cdots \quad ①'' \\ -3x \qquad =15 & \cdots \quad ②'' \end{cases} \qquad \left[\begin{array}{cc|c} 0 & 3 & 12 \\ -3 & 0 & 15 \end{array}\right]$$

①″ と② ″ を交換すると，　　　1 行と 2 行を交換すると，

$$\begin{cases} -3x \qquad =15 & \cdots \quad ①''' \\ 3y=12 & \cdots \quad ②''' \end{cases} \qquad \left[\begin{array}{cc|c} -3 & 0 & 15 \\ 0 & 3 & 12 \end{array}\right]$$

①‴×(−1/3)，②‴×1/3 を作ると，　　　1 行×(−1/3)，2 行×1/3 を作ると，

$$\begin{cases} x \qquad =-5 & \cdots \quad ①'''' \\ y=\ \ 4 & \cdots \quad ②'''' \end{cases} \qquad \left[\begin{array}{cc|c} 1 & 0 & -5 \\ 0 & 1 & 4 \end{array}\right]$$

これで，解けた！　　　◀これが正式の加減法である

この解法の手順をふり返ってみると，与えられた連立１次方程式に，次の変形操作を適宜くり返していることが分かる：

Ⅰ．ある方程式を定数($\neq 0$)倍する．

Ⅱ．ある方程式の定数倍を，他の方程式に加える．

Ⅲ．二つの方程式を交換する．

これらの方程式の変形に対応する“行列の変形”は，

Ⅰ．行列の i 行を s 倍する．ただし，$s\neq 0$

Ⅱ．i 行の s 倍を j 行に加える．ただし，$i\neq j$.

Ⅲ．i 行と j 行を交換する．

行基本変形

これらのⅠ,Ⅱ,Ⅲを，行列の**行基本変形**という．

基本行列

n 次単位行列 E に，行基本変形を一度だけ施して得られる行列を，その基本変形の**基本行列**という．

例　3次単位行列に対して，次の各行基本変形を施してみる：

①：　3行を s 倍する

②：　3行の s 倍を2行に加える

③：　1行と2行を交換する

$$\begin{bmatrix}1&0&0\\0&1&0\\0&0&1\end{bmatrix}\overset{①}{\longrightarrow}\begin{bmatrix}1&0&0\\0&1&0\\0&0&s\end{bmatrix}$$

$$\begin{bmatrix}1&0&0\\0&1&0\\0&0&1\end{bmatrix}\overset{②}{\longrightarrow}\begin{bmatrix}1&0&0\\0&1&s\\0&0&1\end{bmatrix}$$

$$\begin{bmatrix}1&0&0\\0&1&0\\0&0&1\end{bmatrix}\overset{③}{\longrightarrow}\begin{bmatrix}0&1&0\\1&0&0\\0&0&1\end{bmatrix}$$

こうして得られた行列

$$\begin{bmatrix} 1 & 0 & 0 \\ 0 & 1 & 0 \\ 0 & 0 & s \end{bmatrix}, \begin{bmatrix} 1 & 0 & 0 \\ 0 & 1 & s \\ 0 & 0 & 1 \end{bmatrix}, \begin{bmatrix} 0 & 1 & 0 \\ 1 & 0 & 0 \\ 0 & 0 & 1 \end{bmatrix}$$

が，それぞれ，行基本変形 ①，②，③ の基本行列である．

次に，一般の行列に，上の行基本変形を施してみよう．

$$\begin{bmatrix} a_1 & a_2 & a_3 \\ b_1 & b_2 & b_3 \\ c_1 & c_2 & c_3 \end{bmatrix} \xrightarrow{①} \begin{bmatrix} a_1 & a_2 & a_3 \\ b_1 & b_2 & b_3 \\ sc_1 & sc_2 & sc_3 \end{bmatrix}$$

$$\begin{bmatrix} a_1 & a_2 & a_3 \\ b_1 & b_2 & b_3 \\ c_1 & c_2 & c_3 \end{bmatrix} \xrightarrow{②} \begin{bmatrix} a_1 & a_2 & a_3 \\ b_1+sc_1 & b_2+sc_2 & b_3+sc_3 \\ c_1 & c_2 & c_3 \end{bmatrix}$$

$$\begin{bmatrix} a_1 & a_2 & a_3 \\ b_1 & b_2 & b_3 \\ c_1 & c_2 & c_3 \end{bmatrix} \xrightarrow{③} \begin{bmatrix} b_1 & b_2 & b_3 \\ a_1 & a_2 & a_3 \\ c_1 & c_2 & c_3 \end{bmatrix}$$

ところで，次の計算をご覧いただきたい：

$$\begin{bmatrix} 1 & 0 & 0 \\ 0 & 1 & 0 \\ 0 & 0 & s \end{bmatrix}\begin{bmatrix} a_1 & a_2 & a_3 \\ b_1 & b_2 & b_3 \\ c_1 & c_2 & c_3 \end{bmatrix} = \begin{bmatrix} a_1 & a_2 & a_3 \\ b_1 & b_2 & b_3 \\ sc_1 & sc_2 & sc_3 \end{bmatrix}$$

$$\begin{bmatrix} 1 & 0 & 0 \\ 0 & 1 & s \\ 0 & 0 & 1 \end{bmatrix}\begin{bmatrix} a_1 & a_2 & a_3 \\ b_1 & b_2 & b_3 \\ c_1 & c_2 & c_3 \end{bmatrix} = \begin{bmatrix} a_1 & a_2 & a_3 \\ b_1+sc_1 & b_2+sc_2 & b_3+sc_3 \\ c_1 & c_2 & c_3 \end{bmatrix}$$

$$\begin{bmatrix} 0 & 1 & 0 \\ 1 & 0 & 0 \\ 0 & 0 & 1 \end{bmatrix}\begin{bmatrix} a_1 & a_2 & a_3 \\ b_1 & b_2 & b_3 \\ c_1 & c_2 & c_3 \end{bmatrix} = \begin{bmatrix} b_1 & b_2 & b_3 \\ a_1 & a_2 & a_3 \\ c_1 & c_2 & c_3 \end{bmatrix}$$

このように，

行基本変形は，その基本行列を左から掛けることで実現される

ことが分かった．

行基本変形の解説を終るにあたって，次の事実を注意しておこう：

各行基本変形には，その逆の行基本変形がある

具体的には，次のようである：

行基本変形		**もとにもどす変形**
行列の i 行を s 倍する	…	行列の i 行を $1/s$ 倍する
i 行の s 倍を j 行に加える	…	i 行の $-s$ 倍を j 行に加える
i 行と j 行を交換する	…	i 行と j 行を交換する

また，行基本変形とその逆変形の基本行列は，互いに逆行列になっている．たとえば，次のようである．

$$\begin{bmatrix} 1 & 0 & 0 \\ 0 & 1 & s \\ 0 & 0 & 1 \end{bmatrix}\begin{bmatrix} 1 & 0 & 0 \\ 0 & 1 & -s \\ 0 & 0 & 1 \end{bmatrix}=\begin{bmatrix} 1 & 0 & 0 \\ 0 & 1 & 0 \\ 0 & 0 & 1 \end{bmatrix}$$

列基本変形

いま，行基本変形について説明したが，同様に"列基本変形"なるものを考えることがある：

Ⅰ．行列の i 列を s 倍する．ただし，$s\neq 0$
Ⅱ．i 列の s 倍を j 列に加える．ただし，$i\neq j$.
Ⅲ．i 列と j 列を交換する．

列基本変形

行基本変形・列基本変形を，**基本変形**と総称する．

連立１次方程式との関連は，列の交換Ⅲが，**未知数の交換**に相当するだけであるが，連立１次方程式を離れて，列基本変形は，行列の理論展開に不可欠なのである．

行基本変形の場合と同様に，列基本変形は，次の大切な性質をもつ：

列基本変形は，その基本行列を右から掛けることで実現される

何か具体例を挙げてみようか．たとえば，列基本変形

（$*$）：3 列の s 倍を 2 列に加える

を考えると，次のようである：

$$\begin{bmatrix} 1 & 0 & 0 \\ 0 & 1 & 0 \\ 0 & 0 & 1 \end{bmatrix} \xrightarrow{(*)} \begin{bmatrix} 1 & 0 & 0 \\ 0 & 1 & 0 \\ 0 & s & 1 \end{bmatrix}$$

◀これが（＊）の基本行列

$$\begin{bmatrix} a_1 & b_1 & c_1 \\ a_2 & b_2 & c_2 \\ a_3 & b_3 & c_3 \end{bmatrix} \xrightarrow{(*)} \begin{bmatrix} a_1 & b_1+sc_1 & c_1 \\ a_2 & b_2+sc_2 & c_2 \\ a_3 & b_3+sc_3 & c_3 \end{bmatrix}$$

$$\begin{bmatrix} a_1 & b_1 & c_1 \\ a_2 & b_2 & c_2 \\ a_3 & b_3 & c_3 \end{bmatrix}\begin{bmatrix} 1 & 0 & 0 \\ 0 & 1 & 0 \\ 0 & s & 1 \end{bmatrix} = \begin{bmatrix} a_1 & b_1+sc_1 & c_1 \\ a_2 & b_2+sc_2 & c_2 \\ a_3 & b_3+sc_3 & c_3 \end{bmatrix}$$

ベクトルの一次独立性

いよいよ，線形代数の一つの山である“行列の階数（ランク）”について述べるのであるが，そのために，ベクトルの**一次独立・一次従属**という大切な概念について説明することにする．

同一次元の k 個のベクトル $\boldsymbol{a}_1$, $\boldsymbol{a}_2$, …, $\boldsymbol{a}_k$ について，等式

$$s_1\boldsymbol{a}_1 + s_2\boldsymbol{a}_2 + \cdots + s_k\boldsymbol{a}_k = \boldsymbol{0}$$

が成立するのが，

○ $s_1 = s_2 = \cdots = s_k = 0$　だけのとき，

　　$\boldsymbol{a}_1$, $\boldsymbol{a}_2$, …, $\boldsymbol{a}_k$　は，**一次独立**である

○ $s_1 = s_2 = \cdots = s_k = 0$　以外にもあるとき，

　　$\boldsymbol{a}_1$, $\boldsymbol{a}_2$, …, $\boldsymbol{a}_k$　は，**一次従属**である

という．

一次独立
一次従属

▶**注**　一次独立・一次従属を，それぞれ，線形独立・線形従属ということもある．

例 $\boldsymbol{a}_1=\begin{bmatrix} 6 \\ -4 \end{bmatrix}$, $\boldsymbol{a}_2=\begin{bmatrix} -9 \\ 6 \end{bmatrix}$

は，一次独立か？　一次従属か？　読者諸君は，

$$(\quad)\begin{bmatrix} 6 \\ -4 \end{bmatrix}+(\quad)\begin{bmatrix} -9 \\ 6 \end{bmatrix}=\begin{bmatrix} 0 \\ 0 \end{bmatrix}$$

の（　）にあてはまる数を見つけていただきたい．

もちろん，両方の（　）に0を入れれば，この等式は成立するが，問題は，**0以外の数が入るかどうか**である．

この例の場合は，簡単に見つかる．たとえば，

$$(3)\begin{bmatrix} 6 \\ -4 \end{bmatrix}+(2)\begin{bmatrix} -9 \\ 6 \end{bmatrix}=\begin{bmatrix} 0 \\ 0 \end{bmatrix}$$

▶**注**　このカッコにあてはまる数は，**一意的ではない**．たとえば，

$$(30)\begin{bmatrix} 6 \\ -4 \end{bmatrix}+(20)\begin{bmatrix} -9 \\ 6 \end{bmatrix}=\begin{bmatrix} 0 \\ 0 \end{bmatrix}$$

など，たくさんある．念のため．

例 $\boldsymbol{a}_1=\begin{bmatrix} 2 \\ -3 \end{bmatrix}$, $\boldsymbol{a}_2=\begin{bmatrix} -3 \\ 4 \end{bmatrix}$

は，どうかな？

$$(\quad)\begin{bmatrix} 2 \\ -3 \end{bmatrix}+(\quad)\begin{bmatrix} -3 \\ 4 \end{bmatrix}=\begin{bmatrix} 0 \\ 0 \end{bmatrix} \quad \cdots \quad (*)$$

見つからないって？　探し方が悪いんじゃないの？　じつは，

$$(0)\begin{bmatrix} 2 \\ -3 \end{bmatrix}+(0)\begin{bmatrix} -3 \\ 4 \end{bmatrix}=\begin{bmatrix} 0 \\ 0 \end{bmatrix}$$

のように，両方とも0を入れる以外には，（＊）は成立しないのだ．

「なぜか？」って．それは，**文字**だよ．実際，

$$x\begin{bmatrix} 2 \\ -3 \end{bmatrix}+y\begin{bmatrix} -3 \\ 4 \end{bmatrix}=\begin{bmatrix} 0 \\ 0 \end{bmatrix}$$

とおいてみよう．

$$\begin{bmatrix} 2x \\ -3x \end{bmatrix} + \begin{bmatrix} -3y \\ 4y \end{bmatrix} = \begin{bmatrix} 0 \\ 0 \end{bmatrix} \qquad \therefore \begin{cases} 2x-3y=0 \\ -3x+4y=0 \end{cases}$$

これを解いて，

$$x=0, \quad y=0$$

が得られる．等式（＊）が成立するのは，両方の（　）に0を入れる場合だけであることを数学（それも中学の数学）は**断言する**のだ．

この例の $\boldsymbol{a}_1$, $\boldsymbol{a}_2$ は，一次独立である．

例　$\boldsymbol{a}_1 = \begin{bmatrix} 2 \\ -3 \end{bmatrix}$, $\boldsymbol{a}_2 = \begin{bmatrix} -3 \\ 4 \end{bmatrix}$, $\boldsymbol{a}_3 = \begin{bmatrix} -2 \\ 1 \end{bmatrix}$

今度は，どうかな？　じつは，

$$(5)\begin{bmatrix} 2 \\ -3 \end{bmatrix} + (4)\begin{bmatrix} -3 \\ 4 \end{bmatrix} + (-1)\begin{bmatrix} -2 \\ 1 \end{bmatrix} = \begin{bmatrix} 0 \\ 0 \end{bmatrix}$$

すなわち，

$$5\boldsymbol{a}_1 + 4\boldsymbol{a}_2 - \boldsymbol{a}_3 = 0$$

となるので，$\boldsymbol{a}_1$, $\boldsymbol{a}_2$, $\boldsymbol{a}_3$ は，一次従属ということになる．

ところで，この等式は，$\boldsymbol{a}_3$ について解けて，

$$\boldsymbol{a}_3 = 5\boldsymbol{a}_1 + 4\boldsymbol{a}_2$$

ベクトル $\boldsymbol{a}_3$ は，残るベクトル $\boldsymbol{a}_1$, $\boldsymbol{a}_2$ で表わされる．この事実は，一次従属なベクトルの大切な特徴なのだ．いま，一般に，

$$s_1\boldsymbol{a}_1 + s_2\boldsymbol{a}_2 + \cdots + s_k\boldsymbol{a}_k$$

を，$\boldsymbol{a}_1$, $\boldsymbol{a}_2$, …, $\boldsymbol{a}_k$ の**一次結合**とよぶのであるが，このとき，

同一次元の k 個のベクトルについて

一次従属 ⟺ どれか一つが，残りのベクトルの一次結合でかける

一次独立 ⟺ どのベクトルも，残りのベクトルの一次結合では表わせない

けっきょく，

　一次従属 … ムダなベクトルが入っている

　一次独立 … ムダなものは，入っていない

というふうに頭に入れておいていただきたい．

> わたしも先生の講義で一次独立性がよく分かりました．

行列の階数

さあ，いよいよ，行列の階数(ランク)だよ．

行列 A の一次独立な列ベクトル（縦ベクトル）の最大個数を，行列 A の**階数**(ランク)とよび，rank A などとかくのだ．たとえば，

$$A = \begin{bmatrix} 2 & 4 & 2 & 4 \\ 3 & 6 & 3 & 6 \\ 0 & 0 & 1 & 1 \end{bmatrix}$$

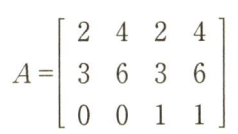

の4個の列ベクトルを，

$$\boldsymbol{a}_1 = \begin{bmatrix} 2 \\ 3 \\ 0 \end{bmatrix}, \quad \boldsymbol{a}_2 = \begin{bmatrix} 4 \\ 6 \\ 0 \end{bmatrix}, \quad \boldsymbol{a}_3 = \begin{bmatrix} 2 \\ 3 \\ 1 \end{bmatrix}, \quad \boldsymbol{a}_4 = \begin{bmatrix} 4 \\ 6 \\ 1 \end{bmatrix}$$

とおこう．このとき，よく見ると，たとえば，

$$\boldsymbol{a}_2 = 2\boldsymbol{a}_1, \quad \boldsymbol{a}_4 = \boldsymbol{a}_1 + \boldsymbol{a}_3$$

のように，$\boldsymbol{a}_2$ と $\boldsymbol{a}_4$ は，$\boldsymbol{a}_1$, $\boldsymbol{a}_3$ の一次結合でかけてしまう．

ところが，$\boldsymbol{a}_1$ と $\boldsymbol{a}_3$ は，似て非なるもの．一方を他方で肩代りすることはできない． ◀ 男性と女性のようなもの

2個のベクトル $\boldsymbol{a}_1$, $\boldsymbol{a}_3$ は一次独立で，3個以上とると，一次従属になってしまうので，けっきょく，

$$\text{rank}\, A = 2$$

こういう説明をきいて，諸君は，次のような疑問をもつであろう：

○いまの例は，数字が簡単だったけれど，数字が複雑で，行列の型も大きくなったら，どうするんだろう？

○いったい，行列の階数って，何のことなの？　何の役に立つの？

なるほど，行列の階数を，この定義から直接求めるのは難しい．

そこで，与えられた行列と同一の階数をもち，階数の値が一見して分かるような行列への変形を考えるのだ．

基本変形による階数の計算

このとき，頼りになる根拠は，次の有難い事実である：

行列の階数は基本変形によって変わらない　◀ 証明は後述する

したがって，与えられた行列に，行および列の基本変形を適宜何回か施して，階数がよく見える形にまで変形すればよい．

例

$$A=\begin{bmatrix} 1 & 2 & 0 & 3 \\ 2 & 4 & 1 & 5 \\ 1 & 2 & 4 & -1 \end{bmatrix}$$

に，順次基本変形を施してみよう：

$$A=\begin{bmatrix} 1 & 2 & 0 & 3 \\ 2 & 4 & 1 & 5 \\ 1 & 2 & 4 & -1 \end{bmatrix} \xrightarrow{①} \begin{bmatrix} 1 & 2 & 0 & 3 \\ 0 & 0 & 1 & -1 \\ 1 & 2 & 4 & -1 \end{bmatrix}$$

$$\xrightarrow{②} \begin{bmatrix} 1 & 2 & 0 & 3 \\ 0 & 0 & 1 & -1 \\ 0 & 0 & 4 & -4 \end{bmatrix} \xrightarrow{③} \begin{bmatrix} 1 & 2 & 0 & 3 \\ 0 & 0 & 1 & -1 \\ 0 & 0 & 0 & 0 \end{bmatrix}$$

$$\xrightarrow{④} \begin{bmatrix} 1 & 0 & 0 & 0 \\ 0 & 0 & 1 & 0 \\ 0 & 0 & 0 & 0 \end{bmatrix} \xrightarrow{⑤} \begin{bmatrix} 1 & 0 & 0 & 0 \\ 0 & 1 & 0 & 0 \\ 0 & 0 & 0 & 0 \end{bmatrix}$$

ただし，各ステップでの基本変形は，次のようである：

① ： 2 行 + 1 行 × (−2)　◀ (2, 1) 成分を 0 にするため

② ： 3 行 + 1 行 × (−1)　◀ (3, 1) 成分を 0 にするため

③ ： 3 行 + 2 行 × (−4)

④ ： 2 列 + 1 列 × (−2)，4 列 + 1 列 × (−3)，4 列 + 3 列 × 1

⑤ ： 2 列と 3 列を交換

行列の階数は“基本変形によって変わらない”のだから，求める行列

A の階数は，最後の行列の階数に等しいハズ．最後の行列は，

$$\begin{bmatrix} 1 \\ 0 \\ 0 \end{bmatrix}, \begin{bmatrix} 0 \\ 1 \\ 0 \end{bmatrix}$$

という２本の一次独立な列ベクトルをもち，他は零（ゼロ）ベクトルだから，

$$\operatorname{rank} A = 2$$

だね．ところで，行列 A の階数を求めるだけならば，この最後の行列にまで変形する必要はなく，変形③を終了した段階

$$\begin{bmatrix} 1 & 2 & 0 & 3 \\ 0 & 0 & 1 & -1 \\ 0 & 0 & 0 & 0 \end{bmatrix} \qquad (*)$$

までの変形で十分である．④以下の列基本変形を明記せずとも，最終段階にまで変形可能であることは，明らかであろう．

この（＊）のような行列を"階段行列"という．あらためて述べよう．

階段行列

ある行までは，行番号が増すにつれて左端から連続して並ぶ０の個数が増え，その行より下の成分がすべて０であるような行列を**階段行列**という．

例　次の行列は，すべて階段行列である：

$$A = \begin{bmatrix} \underline{0} & 2 & 5 & 0 & 3 \\ \underline{0} & \underline{0} & \underline{0} & 7 & 4 \\ \underline{0} & \underline{0} & \underline{0} & \underline{0} & 6 \\ \underline{0} & \underline{0} & \underline{0} & \underline{0} & \underline{0} \end{bmatrix}, \quad B = \begin{bmatrix} 3 & 0 & 4 & 4 \\ \underline{0} & 1 & 5 & 2 \\ \underline{0} & \underline{0} & 7 & 3 \\ \underline{0} & \underline{0} & \underline{0} & 2 \end{bmatrix}$$

$$C = \begin{bmatrix} 0 & 5 & 1 & 0 & 3 \end{bmatrix}, \quad D = \begin{bmatrix} 0 & 0 & 0 & 0 \\ 0 & 0 & 0 & 0 \\ 0 & 0 & 0 & 0 \end{bmatrix}$$

行列 A の０の個数：1, 3, 4, 5　増えている！

行列 B の０の個数：0, 1, 2, 3　増えている！

例　次の行列は，階段行列ではない：

$$A=\begin{bmatrix} 3 & 5 & 3 & 0 \\ 0 & 0 & 4 & 1 \\ 0 & 0 & 2 & 7 \end{bmatrix}$$

1 行：0 は 0 個
2 行：0 は 2 個
3 行：0 は 2 個　増えてない

$$B=\begin{bmatrix} 2 \\ 1 \\ 0 \end{bmatrix}$$

1 行：0 は 0 個
2 行：0 は 0 個　増えてない
3 行：0 は 1 個

階段行列によって，行列の階数は，次のように求められる：

> 行列 A を行基本変形によって階段行列にまで変形したとき，**0 でない成分を含んでいる行の数**が，行列 A の階数（ランク）rank A になっている．

階段行列と行列の階数

例
$$A=\begin{bmatrix} 1 & 2 & 0 & 3 \\ 2 & 4 & 1 & 5 \\ 1 & 2 & 4 & -1 \end{bmatrix} \longrightarrow \begin{bmatrix} 1 & 2 & 0 & 3 \\ 0 & 0 & 1 & -1 \\ 0 & 0 & 0 & 0 \end{bmatrix}$$

ゆえに，rank $A=2$ というわけ．

基本変形と階数の不変性

次の大切な性質を証明してみよう：

行列の階数は基本変形によって変わらない

理屈は同じだから，簡単のため，たとえば，次の場合を考える：

$$A=\begin{bmatrix} a_1 & b_1 & c_1 \\ a_2 & b_2 & c_2 \end{bmatrix},\quad \boldsymbol{a}=\begin{bmatrix} a_1 \\ a_2 \end{bmatrix},\quad \boldsymbol{b}=\begin{bmatrix} b_1 \\ b_2 \end{bmatrix},\quad \boldsymbol{c}=\begin{bmatrix} c_1 \\ c_2 \end{bmatrix}$$

$\boldsymbol{a}$，$\boldsymbol{b}$ は一次独立．$\boldsymbol{c}=s\boldsymbol{a}+t\boldsymbol{b}$，　rank $A=2$

(1)　行列 A が行基本変形 II によって，**たとえば**，

$$B=\begin{bmatrix} a_1+ka_2 & b_1+ka_2 & c_1+kc_2 \\ a_2 & b_2 & c_2 \end{bmatrix}$$

◀ 1 行＋2 行×k

に変形されたとする．この行列 B の列ベクトルに注目する．

いま，$\boldsymbol{c}=s\boldsymbol{a}+t\boldsymbol{b}$ より，

$$\begin{bmatrix} c_1 \\ c_2 \end{bmatrix}=s\begin{bmatrix} a_1 \\ a_2 \end{bmatrix}+t\begin{bmatrix} b_1 \\ b_2 \end{bmatrix} \qquad \therefore \begin{cases} c_1=sa_1+tb_1 & \cdots \text{①} \\ c_2=sa_2+tb_2 & \cdots \text{②} \end{cases}$$

①＋②×k　を作ると，

$$\begin{cases} c_1+kc_2=s(a_1+ka_2)+t(b_1+kb_2) \\ \qquad c_2=sa_2 \qquad\qquad +tb_2 \end{cases}$$

$$\therefore \begin{bmatrix} c_1+kc_2 \\ c_2 \end{bmatrix}=s\begin{bmatrix} a_1+ka_2 \\ a_2 \end{bmatrix}+t\begin{bmatrix} b_1+kb_2 \\ b_2 \end{bmatrix}$$

これは，行列 B の 3 列が 1 列と 2 列の一次結合でかけることを示している．したがって，行列 B の一次独立な列ベクトルの最大個数は（2 以下となり）行列 A のそれを越えない：

$$\text{rank}\, B \leqq \text{rank}\, A$$

すなわち，**行基本変形によって rank は増えない**ことが分かった．

(2)　行列 $A=[\,\boldsymbol{a}\quad\boldsymbol{b}\quad\boldsymbol{c}\,]$

（ただし，$\boldsymbol{a}$，$\boldsymbol{b}$ は一次独立で，$\boldsymbol{c}=s\boldsymbol{a}+t\boldsymbol{b}$）

が，たとえば，列基本変形によって，

$$B=[\,\boldsymbol{a}+k\boldsymbol{c}\quad\boldsymbol{b}\quad\boldsymbol{c}\,]$$

に変形されたとしよう．このとき，この行列 B の列ベクトルは，

$$s(\boldsymbol{a}+k\boldsymbol{c})+t\boldsymbol{b}-(1+ks)\boldsymbol{c}=0$$

を満たし，係数は，次を満たす：

$$(s,\ t,\ -(1+ks)) \neq (0,\ 0,\ 0)$$

すなわち，行列 B の三つの列ベクトルは，一次従属となるので，

$$\text{rank}\, B \leqq \text{rank}\, A$$

列基本変形によっても，行列の rank は増えない．

ところで，基本変形 $A \to B$ の逆変形 $B \to A$（これも**基本変形！**）を考えれば，上と同様に，

$$\text{rank}\, B \leqq \text{rank}\, A$$

が得られるので，証明が完成したわけである．

例題 4.1　行列の基本変形

$$行列\quad A = \begin{bmatrix} 0 & 1 & -3 \\ 2 & -4 & 8 \\ -3 & 4 & -6 \end{bmatrix}$$

に，次の基本変形を番号順に施せ：

①：　1 行と 2 行を交換する.

②：　1 行×3/2 を 3 行に加える.

③：　2 行×4 を 1 行に加える.

④：　1 列×2 を 3 列に加える.

[解答]　次のように，表(ひょう)にまとめると便利である.

			基本変形	行
0	1	−3		①
2	−4	8		②
−3	4	−6		③
2	−4	8	②	①′
0	1	−3	①	②′
−3	4	−6	③	③′
2	−4	8	①′	①″
0	1	−3	②′	②″
0	−2	6	③′＋①′×3/2	③″
2	0	−4	①″＋②″×4	①‴
0	1	−3	②″	②‴
0	−2	6	③″	③‴
2	0	0		①⁗
0	1	−3	3 列＋1 列×2	②⁗
0	−2	6		③⁗

本問は，基本変形に**慣れるための練習**である．
表にまとめる書式も，ぜひ憶えて欲しいな．

How to

暗算禁止命

暗算は極力避けよ！

たとえば，基本変形②は，次のように計算します．

$$
\begin{array}{rcccc}
①' \times \frac{3}{2}: & 2 \times \frac{3}{2} & -4 \times \frac{3}{2} & 8 \times \frac{3}{2} \\
& = & = & = \\
& 3 & -6 & 12 \\
+ \quad ③': & -3 & 4 & -6 \\
\hline
③' + ①' \times \frac{3}{2}: & 0 & -2 & 6
\end{array}
$$

==== **演習問題 4.1** ====

行列 $A = \begin{bmatrix} 0 & 1 & -3 \\ 3 & -4 & 6 \\ 2 & -4 & 8 \end{bmatrix}$

に，次の基本変形を番号順に施せ：

①： 1行と3行を交換する．

②： 1行×(−3/2) を2行に加える．

③： 2行×(−1/2) を3行に加える．

④： 2列×3 を3列に加える．

例題 4.2　　階数の計算

行列の基本変形により，次の行列の階数（ランク）を求めよ：

$$A=\begin{bmatrix} 1 & -2 & -1 \\ -3 & 5 & 1 \\ 4 & -7 & -2 \end{bmatrix}$$

［解答］　行基本変形によって，階段行列に変形する：

			基本変形	行
1	−2	−1		①
−3	5	1		②
4	−7	−2		③
1	−2	−1	①	①′
0	−1	−2	②＋①×3	②′
0	1	2	③＋①×(−4)	③′
1	−2	−1	①′	①″
0	−1	−2	②′	②″
0	0	0	③′＋②′×1	③″

◀ 左下に 0 をつくる

◀ 階段行列になった

0 でない成分を含んでいる行の個数は，2 だから，　◀ 1 行と 2 行

$$\text{rank}\,A=2$$

以上で，例題の解答は完成したが，試みに，基本変形を続行すると，

1	0	3	①″＋②″×(−2)	①‴
0	−1	−2	②″	②‴
0	0	0	③″	③‴

1 0 0			3列＋1列×(−3)	①''''
0 −1 0			3列＋2列×(−2)	②''''
0 0 0				③''''
1 0 0			①''''	①'''''
0 1 0			②''''×(−1)	②'''''
0 0 0			③''''	③'''''

この例から分かるように，一般に，行列 A は，適当な基本変形のくり返しによって，次の究極の形（これを行列 A の**階数標準形**という）にまで変形される：

$$A \longrightarrow \begin{bmatrix} 1 & & & \\ & \ddots & & \\ & & 1 & \\ & & & \end{bmatrix}$$

◀ 空白の成分は0とする

したがって，次は，いずれも，行列 A の階数 rank A に一致する：

1°　行列 A の一次独立な列ベクトルの最大個数

2°　行列 A の一次独立な行ベクトルの最大個数

3°　行列 A の階数標準形の対角線上に並ぶ1の個数

4°　行列 A から得られる階段行列の0でない成分を含む行の個数

演習問題 4.2

行列の基本変形により，次の行列の階数（ランク）を求めよ：

$$A = \begin{bmatrix} 1 & -3 & 4 \\ -2 & 5 & -7 \\ -1 & 1 & -2 \end{bmatrix}$$

§5 連立１次方程式

拡大係数行列を階段行列へ

連立１次方程式

いま，たとえば，次の連立１次方程式を考えよう：

$$\begin{cases} 2x_1-4x_2+2x_3-6x_4=-2 & \cdots\cdots ① \\ 3x_1-6x_2+4x_3-7x_4=\ \ 3 & \cdots\cdots ② \\ -x_1+2x_2-2x_3+\ \ x_4=-5 & \cdots\cdots ③ \end{cases}$$

この連立１次方程式の係数および定数項の作る行列

$$A=\left[\begin{array}{cccc:c} 2 & -4 & 2 & -6 & -2 \\ 3 & -6 & 4 & -7 & 3 \\ -1 & 2 & -2 & 1 & -5 \end{array}\right]$$

◀ 拡大係数行列という

に，次のような行基本変形を施してみよう：

$$A \xrightarrow{①} \left[\begin{array}{cccc:c} 2 & -4 & 2 & -6 & -2 \\ 0 & 0 & 1 & 2 & 6 \\ 0 & 0 & -1 & -2 & -6 \end{array}\right]$$

$$\xrightarrow{②} \left[\begin{array}{cccc:c} 2 & -4 & 0 & -10 & -14 \\ 0 & 0 & 1 & 2 & 6 \\ 0 & 0 & 0 & 0 & 0 \end{array}\right]$$

$$\xrightarrow{③} \left[\begin{array}{cccc:c} 1 & -2 & 0 & -5 & -7 \\ 0 & 0 & 1 & 2 & 6 \\ 0 & 0 & 0 & 0 & 0 \end{array}\right]$$

ただし，各ステップでの行基本変形は，次のようである：

①：　2 行＋1 行×(−3/2)，3 行＋1 行×1/2

②：　1 行＋2 行×(−2)，3 行＋2 行×1

③：　1 行×1/2

行基本変形は，逆変形をもち，それも行基本変形だから，拡大係数行列に**行基本変形を施すことは**，連立１次方程式の**同値変形**に相当する．

したがって，はじめの連立１次方程式は，

$$\begin{cases} 1x_1-2x_2+0x_3-5x_4=-7 \\ 0x_1+0x_2+1x_3+2x_4=6 \\ 0x_1+0x_2+0x_3+0x_4=0 \end{cases}$$

と同値である．

そこで，自明な一番下の式をカットして，人間（われわれ）の書き方にすれば，

$$\begin{cases} x_1-2x_2-5x_4=-7 \\ x_3+2x_4=6 \end{cases}$$

◀ この２つの方程式は独立

となろう．

これは，２個の未知数，**たとえば**，x_1，x_3 について解けて，

$$\begin{cases} x_1=2x_2+5x_4-7 \\ x_3=-2x_4+6 \end{cases}$$

未知数 x_1，x_2，x_3，x_4 のうち，**x_2，x_4 は，どんな値でも自由にとることができて，** それらに応じて，x_1，x_3 の値が決まる．

したがって，与えられた連立１次方程式の解は，次のようになる：

$$\begin{cases} x_1=2s+5t-7 \\ x_2=s \\ x_3=-2t+6 \\ x_4=t \end{cases} \quad (s,\ t：任意)$$

また，ベクトルを用いれば，次のようにもかける：

$$\begin{bmatrix} x_1 \\ x_2 \\ x_3 \\ x_4 \end{bmatrix}=s\begin{bmatrix} 2 \\ 1 \\ 0 \\ 0 \end{bmatrix}+t\begin{bmatrix} 5 \\ 0 \\ -2 \\ 1 \end{bmatrix}+\begin{bmatrix} -7 \\ 0 \\ 6 \\ 0 \end{bmatrix}$$

連立 1 次方程式の解

最も一般の連立１次方程式は,

$$\begin{cases} a_{11}x_1 + a_{12}x_2 + \cdots + a_{1n}x_n = b_1 \\ a_{21}x_1 + a_{22}x_2 + \cdots + a_{2n}x_n = b_2 \\ \qquad\qquad \vdots \\ a_{m1}x_1 + a_{m2}x_2 + \cdots + a_{mn}x_n = b_m \end{cases}$$

◀ 未知数 n 個
方程式 m 本

あるいは,

$$A = \begin{bmatrix} a_{11} & a_{12} & \cdots & a_{1n} \\ a_{21} & a_{22} & \cdots & a_{2n} \\ \vdots & \vdots & & \vdots \\ a_{m1} & a_{m2} & \cdots & a_{mn} \end{bmatrix}, \quad \boldsymbol{x} = \begin{bmatrix} x_1 \\ x_2 \\ \vdots \\ x_n \end{bmatrix}, \quad \boldsymbol{b} = \begin{bmatrix} b_1 \\ b_2 \\ \vdots \\ b_m \end{bmatrix}$$

とおき,

$$A\boldsymbol{x} = \boldsymbol{b}$$

という形である.

適当な行基本変形のくり返しと列の交換(未知数の入れかえ)によって拡大係数行列は，次の形にまで変形される．ただし，rank $A = r$.

$$[A \ \boldsymbol{b}] \longrightarrow \begin{bmatrix} 1 & & & c_{1r+1} & \cdots & c_{1n} & d_1 \\ & \ddots & & \vdots & & \vdots & \vdots \\ & & 1 & c_{rr+1} & \cdots & c_{rn} & d_r \\ 0 & \cdots & 0 & 0 & \cdots & 0 & d_{r+1} \\ \vdots & & \vdots & \vdots & & \vdots & \vdots \\ 0 & \cdots & 0 & 0 & \cdots & 0 & d_n \end{bmatrix}$$

したがって，与えられた連立１次方程式は，次と同値：

$$\begin{cases} x_1 \qquad\quad + c_{1r+1}x_{r+1} + \cdots + c_{1n}x_n = d_1 \\ \qquad\qquad\qquad\qquad\qquad\qquad\qquad \vdots \\ \qquad\quad x_r + c_{rr+1}x_{r+1} + \cdots + c_{rn}x_n = d_r \\ \qquad\qquad\qquad\qquad\qquad\qquad 0 = d_{r+1} \\ \qquad\qquad\qquad\qquad\qquad\qquad\qquad \vdots \\ \qquad\qquad\qquad\qquad\qquad\qquad 0 = d_n \end{cases}$$

ただし，未知数は，適当に入れかえるものとする．

こうすると，この方程式が解をもつのは，

$$d_{r+1}=\cdots=d_n=0 \quad \text{すなわち} \quad \mathrm{rank}\,[A\ \ \boldsymbol{b}]=\mathrm{rank}\,A$$

のときであることが分かる．

$$A\boldsymbol{x}=\boldsymbol{b}\ \text{が解をもつ} \iff \mathrm{rank}\,[A\ \ \boldsymbol{b}]=\mathrm{rank}\,A$$

▶注　もっとも，$A=[\boldsymbol{a}_1\ \ \boldsymbol{a}_2\ \ \cdots\ \ \boldsymbol{a}_n]$ とおけば，$A\boldsymbol{x}=\boldsymbol{b}$ は，

$$x_1\boldsymbol{a}_1+x_2\boldsymbol{a}_2+\cdots+x_n\boldsymbol{a}_n=\boldsymbol{b}$$

（$\boldsymbol{b}$ は $\boldsymbol{a}_1$，$\boldsymbol{a}_2$，$\cdots$，$\boldsymbol{a}_n$ の一次結合）

だから，$\mathrm{rank}\,[A\ \ \boldsymbol{b}]=\mathrm{rank}\,A$ は，当然だね．

さて，このとき，$n-r$ 個の未知数 x_{r+1}，x_{r+2}，$\cdots$，x_n は，どんな値でもよく，それらに応じて，x_1，x_2，$\cdots$，x_r が決まる．

したがって，$A\boldsymbol{x}=\boldsymbol{b}$ の一般解は，

$$\begin{bmatrix} x_1 \\ \vdots \\ x_r \\ x_{r+1} \\ \vdots \\ \vdots \\ x_n \end{bmatrix} = t_1 \begin{bmatrix} -c_{1r+1} \\ \vdots \\ -c_{rr+1} \\ 1 \\ 0 \\ \vdots \\ 0 \end{bmatrix} + \cdots + t_{n-r} \begin{bmatrix} -c_{1n} \\ \vdots \\ -c_{rn} \\ 0 \\ \vdots \\ 0 \\ 1 \end{bmatrix} + \begin{bmatrix} d_1 \\ \vdots \\ d_r \\ 0 \\ 0 \\ \vdots \\ 0 \end{bmatrix}$$

とかける．ただし，t_1，t_2，$\cdots$，t_{n-r} は，**任意定数**.

このとき，任意定数の個数 $n-r$ を，解の**自由度**ということがある．

このように，$n-r$ 個の任意定数を含んだ解を，**一般解**といい，任意定数に具体的数値を与えた個々の解を，**特殊解**という．

次に，以上の結果のいくつかの特殊な場合を考えてみよう．

A を $(m,\ n)$ 型とするとき，連立１次方程式 $A\boldsymbol{x}=\boldsymbol{b}$ について，

$$\begin{aligned} \text{解はただ一つ} &\iff \text{解の自由度}\ n-r=0 \\ &\iff \mathrm{rank}\,A=\mathrm{rank}\,[A\ \ \boldsymbol{b}]=n \end{aligned}$$

例題 5.1　　連立 1 次方程式

次の連立 1 次方程式を解け：

$$\begin{cases} -x_1-2x_2+3x_3-2x_4=-6 \\ x_1+3x_2+x_3+x_4=4 \\ 3x_1+8x_2-x_3+4x_4=14 \end{cases}$$

[解答]　連立 1 次方程式も，表(ひょう)で解く．

x_1	x_2	x_3	x_4	定数項	基 本 変 形	行
−1	−2	3	−2	−6		①
1	3	1	1	4		②
3	3	−1	4	14		③
−1	−2	3	−2	−6	①	①′
0	1	4	−1	−2	②＋①×1	②′
0	2	8	−2	−4	③＋①×3	③′
−1	0	11	−4	−10	①′＋②′×2	①″
0	1	4	−1	−2	②′	②″
0	0	0	0	0	③′＋②′×(−2)	③″
1	0	−11	4	10	①″ ＋(−1)	①‴
0	1	4	−1	−2	②″	②‴
0	0	0	0	0	③″	③‴

したがって，与えられた連立 1 次方程式は，次と同値：

$$\begin{cases} x_1 \quad -11x_3+4x_4=10 \\ \quad x_2+4x_3-x_4=-2 \end{cases}$$

◀ 行基本変形は方程式の同値変形

ゆえに，

$$\begin{cases} x_1 = 11x_3-4x_4+10 \\ x_2=-4x_3+x_4-2 \end{cases}$$

ゆえに,

$$\begin{cases} x_1 = 11s - 4t + 10 \\ x_2 = -4s + t - 2 \\ x_3 = s \\ x_4 = t \end{cases}$$

Point

方程式を解く

すべての解(一般解)を求めること.

あるいは,

$$\begin{bmatrix} x_1 \\ x_2 \\ x_3 \\ x_4 \end{bmatrix} = s\begin{bmatrix} 11 \\ -4 \\ 1 \\ 0 \end{bmatrix} + t\begin{bmatrix} -4 \\ 1 \\ 0 \\ 1 \end{bmatrix} + \begin{bmatrix} 10 \\ -2 \\ 0 \\ 0 \end{bmatrix} \qquad (*)$$

▶**注** 一般解の表現は,**一意的ではない**.たとえば,

$$\begin{bmatrix} x_1 \\ x_2 \\ x_3 \\ x_4 \end{bmatrix} = s\begin{bmatrix} 11 \\ -4 \\ 1 \\ 0 \end{bmatrix} + t\begin{bmatrix} -4 \\ 1 \\ 0 \\ 1 \end{bmatrix} + \begin{bmatrix} 6 \\ -1 \\ 0 \\ 1 \end{bmatrix} \qquad (**)$$

も一般解である.(*)の t と(**)の t とは同じものではない.t がいろいろ動くとき,(*),(**)は**全体として一致する**のである.

演習問題 5.1

次の連立1次方程式を解け:

$$\begin{cases} x_1 - 2x_2 + 3x_3 + x_4 = 1 \\ -2x_1 + 4x_2 - 8x_3 - x_4 = 1 \\ -x_1 + 2x_2 - 7x_3 + x_4 = 5 \end{cases}$$

§6 基本変形と逆行列

逆行列も基本変形で

自明解・非自明解

連立１次方程式 $A\boldsymbol{x}=\boldsymbol{b}$ は，　◀ A は (m, n) 型行列

$\boldsymbol{b}=\boldsymbol{0}$　のとき，**同　次**　◀“同時”ではない

$\boldsymbol{b}\neq\boldsymbol{0}$　のとき，**非同次**

という．

連立１次同次方程式 $A\boldsymbol{x}=\boldsymbol{0}$ は，明らかに，$\boldsymbol{x}=\boldsymbol{0}$ を解にもつ，この解 $\boldsymbol{x}=\boldsymbol{0}$ を，**自明解**という．このとき，

$$A\boldsymbol{x}=\boldsymbol{0} \text{ の解は自明解だけ} \iff \operatorname{rank} A=n$$

$$A\boldsymbol{x}=\boldsymbol{0} \text{ は非自明解をもつ} \iff \operatorname{rank} A<n$$

である．とくに，$m<n$（方程式の個数＜未知数の個数）ならば，

$$\operatorname{rank} A \leqq m < n$$

となるから，**同次方程式は，非自明解をもつ**ことが分かる．

例　３個の２次元ベクトル

$$\begin{bmatrix} a_1 \\ a_2 \end{bmatrix}, \begin{bmatrix} b_1 \\ b_2 \end{bmatrix}, \begin{bmatrix} c_1 \\ c_2 \end{bmatrix} \text{ は，一次従属である．}$$

証明

$$x\begin{bmatrix} a_1 \\ a_2 \end{bmatrix}+y\begin{bmatrix} b_1 \\ b_2 \end{bmatrix}+z\begin{bmatrix} c_1 \\ c_2 \end{bmatrix}=\begin{bmatrix} 0 \\ 0 \end{bmatrix}$$

とおけば，

$$\begin{cases} a_1x+b_1y+c_1z=0 \\ a_2x+b_2y+c_2z=0 \end{cases}$$

これは，“方程式の個数＜未知数の個数”の場合だから，この連立１次同次方程式は，非自明解 $(x, y, z)\neq(0, 0, 0)$ をもつ．

基本変形による逆行列の計算

いま，たとえば，

$A=\begin{bmatrix}2&3\\5&7\end{bmatrix}$ の逆行列を，$A^{-1}=\begin{bmatrix}x_1&x_2\\y_1&y_2\end{bmatrix}$ とおけば，

$$\begin{bmatrix}2&3\\5&7\end{bmatrix}\begin{bmatrix}x_1&x_2\\y_1&y_2\end{bmatrix}=\begin{bmatrix}2x_1+3y_1&2x_2+3y_2\\5x_1+7y_1&5x_2+7y_2\end{bmatrix}=\begin{bmatrix}1&0\\0&1\end{bmatrix}$$

したがって，

$$\begin{cases}2x_1+3y_1=1\\5x_1+7y_1=0\end{cases},\quad\begin{cases}2x_2+3y_2=0\\5x_2+7y_2=1\end{cases}$$

という**係数の一致した**二つの連立１次方程式を解けばよい：

x	y	定1	定2	基本変形	行
2	3	1	0		①
5	7	0	1		②
2	3	1	0	①	①′
0	−1/2	−5/2	1	②＋①×(−5/2)	②′
2	0	−14	6	①′＋②′×6	①″
1	−1/2	−5/2	1	②′	②″
1	0	−7	3	①″×1/2	①‴
0	1	5	−2	②″×(−2)	②‴

ゆえに，

$$\begin{cases}x_1=-7\\y_1=\ \ 5\end{cases},\quad\begin{cases}x_2=\ \ 3\\y_2=-2\end{cases}$$

したがって，

$$A^{-1}=\begin{bmatrix}x_1&x_2\\y_1&y_2\end{bmatrix}=\begin{bmatrix}-7&3\\5&-2\end{bmatrix}$$

例題 6.1 　逆行列の計算

行列の基本変形により，次の行列の逆行列を求めよ：

$$A=\begin{bmatrix} 1 & -2 & -3 \\ -5 & 9 & 8 \\ -4 & 7 & 6 \end{bmatrix}$$

[解答]　次のように表（ひょう）を用いて計算する．

A			E			基本変形	行
1	−2	−3	1	0	0		①
−5	9	8	0	1	0		②
−4	7	6	0	0	1		③
1	−2	−3	1	0	0	①	①′
0	−1	−7	5	1	0	②+①×5	②′
0	−1	−6	4	0	1	③+①×4	③′
1	0	11	−9	−2	0	①′+②′×(−2)	①″
0	−1	−7	5	1	0	②′	②″
0	0	1	−1	−1	1	③′+②′×(−1)	③″
1	0	0	2	9	−11	①″+③″×(−11)	①‴
0	−1	0	−2	−6	7	②″+③″×7	②‴
0	0	1	−1	−1	1	③″	③‴
1	0	0	2	9	−11	①‴	①⁗
0	1	0	2	6	−7	②‴×(−1)	②⁗
0	0	1	−1	−1	1	③‴	③⁗
E			A^{-1}				

ゆえに，求める逆行列は，

$$A^{-1} = \begin{bmatrix} 2 & 9 & -11 \\ 2 & 6 & -7 \\ -1 & -1 & 1 \end{bmatrix}$$

プラスα — 続・行列のブロック分割

たとえば，ブロック分割

$$A = \begin{bmatrix} A_{11} & A_{12} \\ A_{21} & A_{22} \end{bmatrix}, \quad B = \begin{bmatrix} B_{11} & B_{12} \\ B_{21} & B_{22} \end{bmatrix}$$

に対して，積 $A_{11}B_{11}$ などが，計算できれば，

$$AB = \begin{bmatrix} A_{11}B_{11} + A_{12}B_{21} & A_{11}B_{12} + A_{12}B_{22} \\ A_{21}B_{11} + A_{22}B_{21} & A_{21}B_{12} + A_{22}B_{22} \end{bmatrix}$$

が成立します．とくに，

$$A = \begin{bmatrix} a_{11} & a_{12} \\ a_{21} & a_{22} \end{bmatrix}, \quad B = \begin{bmatrix} b_{11} & b_{12} \\ b_{21} & b_{22} \end{bmatrix},$$

$$\boldsymbol{b}_1 = \begin{bmatrix} b_{11} \\ b_{21} \end{bmatrix}, \quad \boldsymbol{b}_2 = \begin{bmatrix} b_{12} \\ b_{22} \end{bmatrix}$$

のとき，

$$AB = A[\boldsymbol{b}_1 \ \boldsymbol{b}_2] = [A\boldsymbol{b}_1 \ A\boldsymbol{b}_2]$$

が成立します．

> 各ブロックを，あたかも数のように考えて計算していいのね．

演習問題 6.1

行列の基本変形により，次の行列の逆行列を求めよ：

$$A = \begin{bmatrix} 1 & -2 & 3 \\ -2 & 2 & -1 \\ 8 & -7 & 2 \end{bmatrix}$$

第 3 章　行列式とその応用

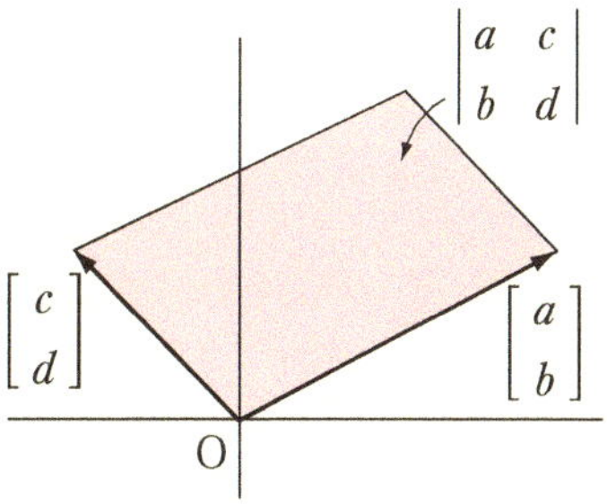

行列式はベクトルの張り具合

$$A：\text{正則} \iff |A| \neq 0$$

ですから，行列式（determinant）は，本来，正則か否かを**決定する**ためのものだったようです．

行列式 $|A|$ は，線形変換 $\boldsymbol{y} = A\boldsymbol{x}$ による**面積の拡大率**を表わし，$A = [\boldsymbol{a}\ \boldsymbol{b}]$ とすれば，$\boldsymbol{a}$, $\boldsymbol{b}$ の作る平行四辺形の面積になっているんだ．だから，ベクトル $\boldsymbol{a}$, $\boldsymbol{b}$ の張り具合ともいえるね．

§7 行列式と面積

面積にも正負を

正負の面積

いま，平面上で，ベクトル $\boldsymbol{a}$, $\boldsymbol{b}$ の作る平行四辺形の面積を，

$$\boldsymbol{a} \wedge \boldsymbol{b}$$

とかくことにする．

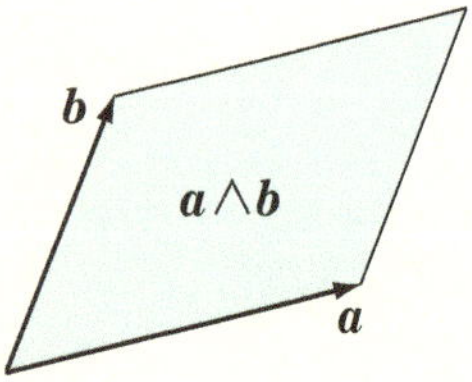

このとき，この面積 $\boldsymbol{a} \wedge \boldsymbol{b}$ は，次の性質をもっていることは，ほぼ明らかであろう：

◀ $\boldsymbol{a} \wedge \boldsymbol{b}$ を $\boldsymbol{a}$, $\boldsymbol{b}$ の交代積という

1° ［線形性］

(1) 一つの辺を k 倍すると，面積も k 倍になる：

$$(k\boldsymbol{a}) \wedge \boldsymbol{b} = k(\boldsymbol{a} \wedge \boldsymbol{b}), \quad \boldsymbol{a} \wedge (k\boldsymbol{b}) = k(\boldsymbol{a} \wedge \boldsymbol{b})$$

(2) **分配法則**を満たす：

$$\boldsymbol{a} \wedge (\boldsymbol{b} + \boldsymbol{c}) = (\boldsymbol{a} \wedge \boldsymbol{b}) + (\boldsymbol{a} \wedge \boldsymbol{c})$$

$$(\boldsymbol{a} + \boldsymbol{b}) \wedge \boldsymbol{c} = (\boldsymbol{a} \wedge \boldsymbol{c}) + (\boldsymbol{b} \wedge \boldsymbol{c})$$

2° ［交代性］

二隣辺が重なるとき，面積は 0 である：

$$\boldsymbol{a} \wedge \boldsymbol{a} = 0$$

3° ［正規性］

単位正方形の面積は 1 である：

$$\boldsymbol{e}_1 \wedge \boldsymbol{e}_2 = 1$$

これらの性質を，一応確認しておこうか．

交代性は，平行四辺形が，ぺちゃんこにつぶれた場合であり，他の性質も図をかいてみると，成立しているね：

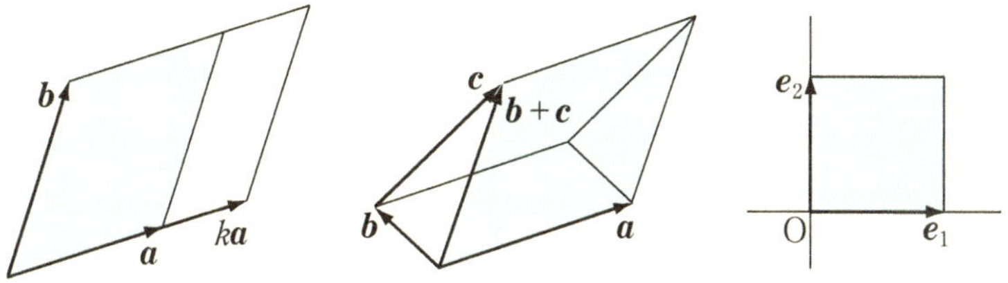

こう言われると，善良な市民は「なるほど，そうだ」と信用してしまう．しかし，たとえば，次のような図については，どうだろう：

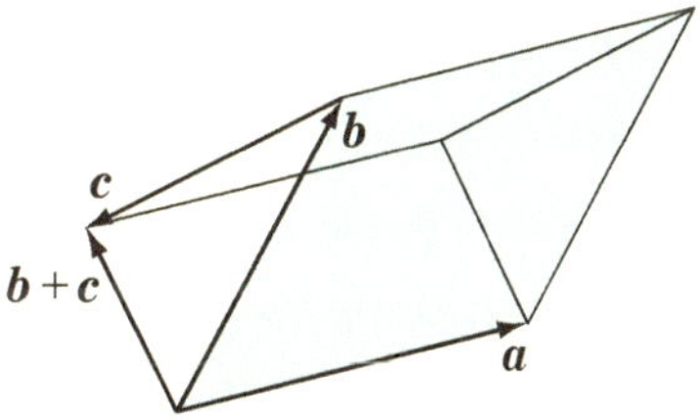

この図の場合，はたして，分配法則
$$a \wedge (b+c) = (a \wedge b) + (a \wedge c)$$
は，成立しているだろうか？

答えは，明らかに，No̅（ノー）だね．

さあ，どうしよう．

このような場合，分配法則を取り下げることはしないで，面積 $a \wedge b$ の意味を一段と深めて，**分配法則を生かす**――これが，**数学の立場**なのだ，と承知していただきたい．

分配法則という美しい法則に対して，面積は正数（プラス）だ，という認識が浅薄にすぎたのだな．

哲学者や宗教家は，宇宙は美しい調和（ハーモニー）に支配されている，とおっしゃいますね．

そこで，試みに，$(\boldsymbol{a}+\boldsymbol{b})\wedge(\boldsymbol{a}+\boldsymbol{b})$ を，上の面積の性質 **1°〜3°** を用いて展開してみよう．

$$
\begin{aligned}
(\boldsymbol{a}+\boldsymbol{b})\wedge(\boldsymbol{a}+\boldsymbol{b}) &= (\boldsymbol{a}+\boldsymbol{b})\wedge\boldsymbol{a} + (\boldsymbol{a}+\boldsymbol{b})\wedge\boldsymbol{b} \\
&= (\boldsymbol{a}\wedge\boldsymbol{a}) + (\boldsymbol{b}\wedge\boldsymbol{a}) + (\boldsymbol{a}\wedge\boldsymbol{b}) + (\boldsymbol{b}\wedge\boldsymbol{b}) \\
&= (\boldsymbol{b}\wedge\boldsymbol{a}) + (\boldsymbol{a}\wedge\boldsymbol{b})
\end{aligned}
$$

ところで

$$(\boldsymbol{a}+\boldsymbol{b})\wedge(\boldsymbol{a}+\boldsymbol{b})=0$$

◀ 交代性

だから，分配法則や交代性を認める人は，

$$(\boldsymbol{b}\wedge\boldsymbol{a})+(\boldsymbol{a}\wedge\boldsymbol{b})=0$$

$$\therefore\quad \boldsymbol{b}\wedge\boldsymbol{a}=-(\boldsymbol{a}\wedge\boldsymbol{b})$$

◀ これも“交代性”とよぶ

と考える義務があろう．角や長さに符号を考えたように，**面積にも符号を考える**わけである．この場合，

ベクトル $\boldsymbol{a}$ の方向に向かって $\boldsymbol{b}$ が左側にあるとき，

$$\boldsymbol{a}\wedge\boldsymbol{b}>0$$

と約束する：

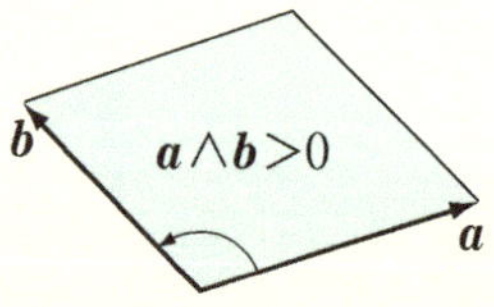

ベクトル $\boldsymbol{a}$ の方向に向かって $\boldsymbol{b}$ が右側にあるとき，

$$\boldsymbol{a}\wedge\boldsymbol{b}<0$$

と約束する：

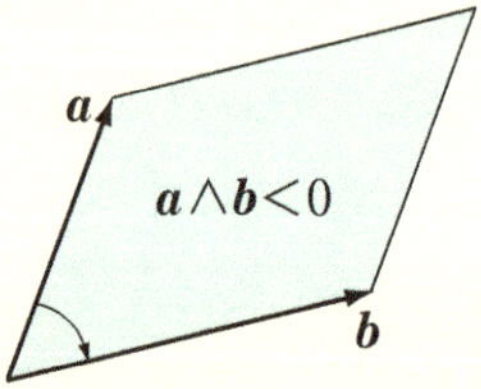

こうすると，先ほどの性質 **1°〜3°** は，すべて満たされてしまう．

2 次の行列式

それでは，先ほどの面積の性質 1°〜3° だけを用いて，ベクトル

$$\boldsymbol{a}=\begin{bmatrix} a_1 \\ a_2 \end{bmatrix}=a_1\boldsymbol{e}_1+a_2\boldsymbol{e}_2,\quad \boldsymbol{b}=\begin{bmatrix} b_1 \\ b_2 \end{bmatrix}=b_1\boldsymbol{e}_1+b_2\boldsymbol{e}_2$$

を二辺とする平行四辺形の面積を求めてみよう．

$$
\begin{aligned}
\boldsymbol{a}\wedge\boldsymbol{b} &= (a_1\boldsymbol{e}_1+a_2\boldsymbol{e}_2)\wedge(b_1\boldsymbol{e}_1+b_2\boldsymbol{e}_2) \\
&= a_1\boldsymbol{e}_1\wedge(b_1\boldsymbol{e}_1+b_2\boldsymbol{e}_2)+a_2\boldsymbol{e}_2\wedge(b_1\boldsymbol{e}_1\wedge b_2\boldsymbol{e}_2) \\
&= (a_1\boldsymbol{e}_1\wedge b_1\boldsymbol{e}_1)+(a_1\boldsymbol{e}_1\wedge b_2\boldsymbol{e}_2)+(a_2\boldsymbol{e}_2\wedge b_1\boldsymbol{e}_1)+(a_2\boldsymbol{e}_2\wedge b_2\boldsymbol{e}_2) \\
&= a_1b_1\underbrace{(\boldsymbol{e}_1\wedge\boldsymbol{e}_1)}_{=0}+a_1b_2(\boldsymbol{e}_1\wedge\boldsymbol{e}_2)+a_2b_1(\boldsymbol{e}_2\wedge\boldsymbol{e}_1)+a_2b_2\underbrace{(\boldsymbol{e}_2\wedge\boldsymbol{e}_2)}_{=0}
\end{aligned}
$$

◀ 分配法則

ところが，

$$\boldsymbol{e}_1\wedge\boldsymbol{e}_2=1,\quad \boldsymbol{e}_2\wedge\boldsymbol{e}_1=-(\boldsymbol{e}_1\wedge\boldsymbol{e}_2)=-1$$

◀ 交換すると符号が変わる

だから，けっきょく，

$$\boldsymbol{a}\wedge\boldsymbol{b}=a_1b_2-a_2\mathrm{b}_1$$

この値を，行列 $A=[\,\boldsymbol{a}\ \ \boldsymbol{b}\,]=\begin{bmatrix} a_1 & b_1 \\ a_2 & b_2 \end{bmatrix}$ の **2 次の行列式**とよび，

$$\det A,\ \ |A|,\ \ \begin{vmatrix} a_1 & b_1 \\ a_2 & b_2 \end{vmatrix}$$

などとかくのである：

$$\begin{vmatrix} a_1 & b_1 \\ a_2 & b_2 \end{vmatrix}=a_1b_2-a_2b_1$$

行　列 … 単なる数の配列
行列式 … 値を計算できる

念のために，具体例を一つ．

例　$\boldsymbol{a}=\begin{bmatrix} 7 \\ 4 \end{bmatrix}$，$\boldsymbol{b}=\begin{bmatrix} -3 \\ 2 \end{bmatrix}$

の作る平行四辺形の面積を求めよ．

解　
$$
\begin{aligned}
S &= \begin{vmatrix} 7 & -3 \\ 4 & 2 \end{vmatrix} \\
&= 7\times2-4\times(-3) \\
&= 14-(-12) \\
&= 26
\end{aligned}
$$

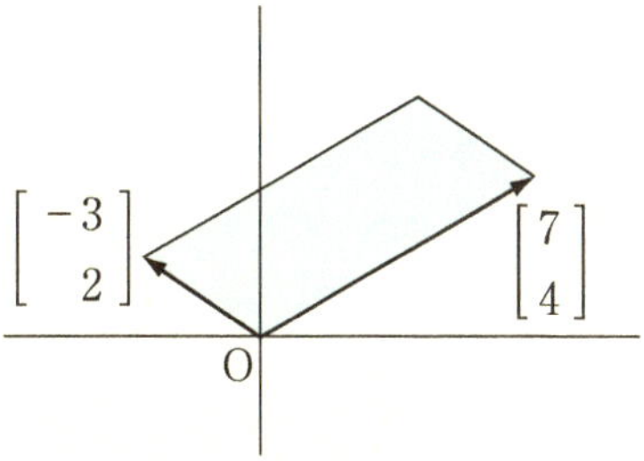

プラスα　座標軸に平行に分割

30年も昔の話ですが，中高生20〜30人の科学教室で，クイズを出したことがあります．黒板に図かきながら，

「A(8, 3)，B(2, 7) で，O は原点．いいね．このとき，OA，OB を2辺とする平行四辺形の面積は，いくらかな？　やさしい問題なので，制限時間は，そうだな，10秒」

けっきょく，△OAB の面積を求めて，2倍すればよいわけですね．

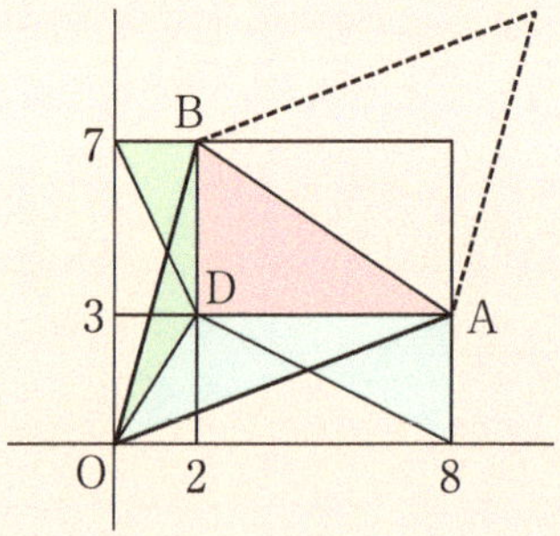

点Bから OA に垂線を下して距離の公式を…　という高校生もいましたが，じつに目の醒(さ)めるような解答をした坊主頭の中学生がいたのです．

△OAB を，AD，BD，OD で三分割し，それぞれを図ように移動して，2倍すると，下図のようになります．求める平行四辺形の面積は，

外側の長方形
左下の長方形　｝の面積の差

$$8\times7-3\times2$$

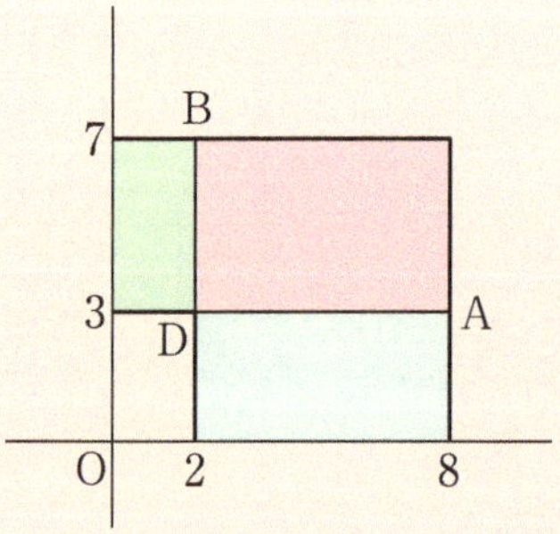

です．このように，**座標軸に平行に分割**（自然な基底で表現）することこそ，**数学の自然な発想**なのです．

3 次の行列式

今度は，3 次元空間で考える．

三本のベクトル $\boldsymbol{a}$, $\boldsymbol{b}$, $\boldsymbol{c}$ の作る平行六面体の体積を，

$$\boldsymbol{a} \wedge \boldsymbol{b} \wedge \boldsymbol{c}$$

とかくことにする．このとき，次の性質は，ほぼ，明らかであろう．

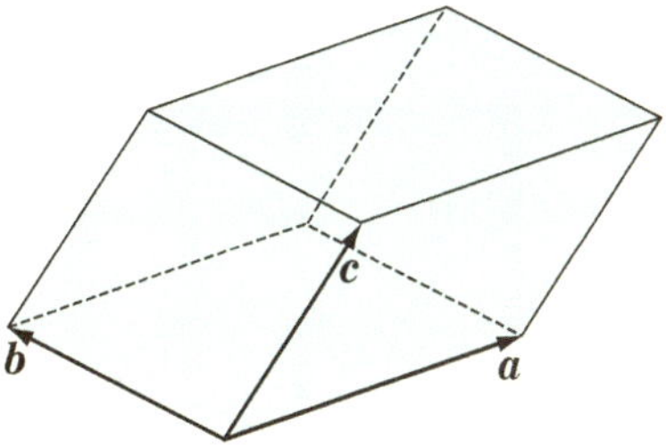

1° ［**線形性**］

(1) 一つの辺を k 倍すれば，体積も k 倍になる：

$(k\boldsymbol{a}) \wedge \boldsymbol{b} \wedge \boldsymbol{c} = k(\boldsymbol{a} \wedge \boldsymbol{b} \wedge \boldsymbol{c})$　　など．

(2) **分配法則**を満たす：

$(\boldsymbol{a}_1 + \boldsymbol{a}_2) \wedge \boldsymbol{b} \wedge \boldsymbol{c} = (\boldsymbol{a}_1 \wedge \boldsymbol{b} \wedge \boldsymbol{c}) + (\boldsymbol{a}_2 \wedge \boldsymbol{b} \wedge \boldsymbol{c})$　など．

2° ［**交代性**］

二つの辺を入れかえると，符号が変わる．

$$\boldsymbol{a} \wedge \boldsymbol{c} \wedge \boldsymbol{b} = \boldsymbol{c} \wedge \boldsymbol{b} \wedge \boldsymbol{a} = \boldsymbol{b} \wedge \boldsymbol{a} \wedge \boldsymbol{c} = -(\boldsymbol{a} \wedge \boldsymbol{b} \wedge \boldsymbol{c})$$

3° ［**正規性**］

単位立方形の体積は，1 である：

$$\boldsymbol{e}_1 \wedge \boldsymbol{e}_2 \wedge \boldsymbol{e}_3 = 1$$

ただし，**体積にも符号を考える**．

ベクトル $\boldsymbol{a}$ から $\boldsymbol{b}$ の方へ右ネジに回したとき，ベクトル $\boldsymbol{c}$ が $\boldsymbol{a}$, $\boldsymbol{b}$ の作る平面に対して，ネジの進行方向と，

　同じ側にあれば，$\boldsymbol{a} \wedge \boldsymbol{b} \wedge \boldsymbol{c} > 0$

　反対側にあれば，$\boldsymbol{a} \wedge \boldsymbol{b} \wedge \boldsymbol{c} < 0$

と約束するのだ．

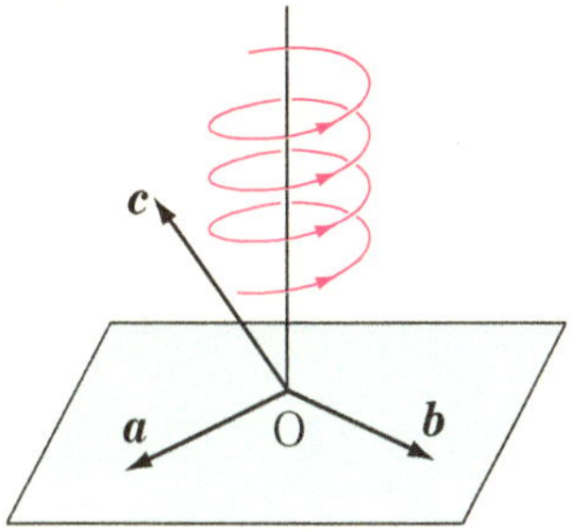

右 ネ ジ

面積の場合と同様に，“交代性”から，次のことがいえる：

$\boldsymbol{a}$，$\boldsymbol{b}$，$\boldsymbol{c}$ の中に等しいものがあれば，$\boldsymbol{a}\wedge\boldsymbol{b}\wedge\boldsymbol{c}=0$

$\boldsymbol{a}$，$\boldsymbol{b}$，$\boldsymbol{c}$ のどれか二つを入れかえると，符号だけ変わる

それでは，上の性質 **1°**～**3°** だけを用いて，ベクトル

$$\boldsymbol{a}=\begin{bmatrix} a_1 \\ a_2 \\ a_3 \end{bmatrix},\quad \boldsymbol{b}=\begin{bmatrix} b_1 \\ b_2 \\ b_3 \end{bmatrix},\quad \boldsymbol{c}=\begin{bmatrix} c_1 \\ c_2 \\ c_3 \end{bmatrix}$$

の作る平行六面体の体積 $\boldsymbol{a}\wedge\boldsymbol{b}\wedge\boldsymbol{c}$ を計算してみよう．

$$\boldsymbol{a}=a_1\boldsymbol{e}_1+a_2\boldsymbol{e}_2+a_3\boldsymbol{e}_3$$

$$\boldsymbol{b}=b_1\boldsymbol{e}_1+b_2\boldsymbol{e}_2+b_3\boldsymbol{e}_3$$

$$\boldsymbol{c}=c_1\boldsymbol{e}_1+c_2\boldsymbol{e}_2+c_3\boldsymbol{e}_3$$

となるから，$\boldsymbol{a}\wedge\boldsymbol{b}\wedge\boldsymbol{c}$ に分配法則をくり返し用いれば，最後には，

$$a_ib_jc_k(\boldsymbol{e}_i\wedge\boldsymbol{e}_j\wedge\boldsymbol{e}_k)$$

という形の 27 個の項の和になってしまう．

ところが，番号 i, j, k のうち等しいものがあれば，

$$\boldsymbol{e}_i\wedge\boldsymbol{e}_j\wedge\boldsymbol{e}_k=0$$

になるから，i, j, k が**相異なる**次の $3!=6$ 個の項だけが残る：

$$a_1b_2c_3(\boldsymbol{e}_1\wedge\boldsymbol{e}_2\wedge\boldsymbol{e}_3)\quad a_1b_3c_2(\boldsymbol{e}_1\wedge\boldsymbol{e}_3\wedge\boldsymbol{e}_2)\quad a_2b_1c_3(\boldsymbol{e}_2\wedge\boldsymbol{e}_1\wedge\boldsymbol{e}_3)$$

$$a_2b_3c_1(\boldsymbol{e}_2\wedge\boldsymbol{e}_3\wedge\boldsymbol{e}_1)\quad a_3b_1c_2(\boldsymbol{e}_3\wedge\boldsymbol{e}_1\wedge\boldsymbol{e}_2)\quad a_3b_2c_1(\boldsymbol{e}_3\wedge\boldsymbol{e}_2\wedge\boldsymbol{e}_1)$$

これらの各項は，$\boldsymbol{e}_i$, $\boldsymbol{e}_j$, $\boldsymbol{e}_k$ を，隣どうし，

偶数回入れかえて，$\boldsymbol{e}_1\wedge\boldsymbol{e}_2\wedge\boldsymbol{e}_3$ になれば，$\boldsymbol{e}_i\wedge\boldsymbol{e}_j\wedge\boldsymbol{e}_k=1$

奇数回入れかえて，$\boldsymbol{e}_1\wedge\boldsymbol{e}_2\wedge\boldsymbol{e}_3$ になれば，$\boldsymbol{e}_i\wedge\boldsymbol{e}_j\wedge\boldsymbol{e}_k=-1$

入れかえの回数は，次の**アミダ**が分かりやすい：

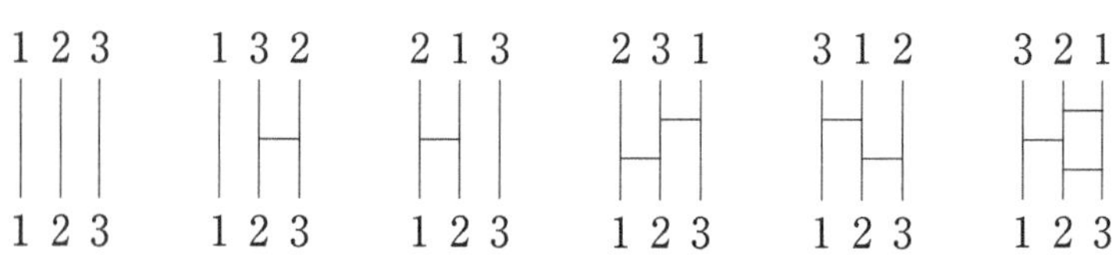

横線一本が，一回の入れかえだから，けっきょく，

$$\boldsymbol{e}_1\wedge\boldsymbol{e}_2\wedge\boldsymbol{e}_3=\boldsymbol{e}_2\wedge\boldsymbol{e}_3\wedge\boldsymbol{e}_1=\boldsymbol{e}_3\wedge\boldsymbol{e}_1\wedge\boldsymbol{e}_2=\quad 1$$

$$\boldsymbol{e}_1\wedge\boldsymbol{e}_3\wedge\boldsymbol{e}_2=\boldsymbol{e}_2\wedge\boldsymbol{e}_1\wedge\boldsymbol{e}_3=\boldsymbol{e}_3\wedge\boldsymbol{e}_2\wedge\boldsymbol{e}_1=-1$$

したがって，体積 $\boldsymbol{a}\wedge\boldsymbol{b}\wedge\boldsymbol{c}$ は，次のようになるね：

$$a_1b_2c_3+a_2b_3c_1+a_3b_1c_2-a_1b_3c_2-a_2b_1c_3-a_3b_2c_1$$

この値を，$A=[\,\boldsymbol{a}\ \ \boldsymbol{b}\ \ \boldsymbol{c}\,]=\begin{bmatrix} a_1 & b_1 & c_1 \\ a_2 & b_2 & c_2 \\ a_3 & b_3 & c_3 \end{bmatrix}$ の**3次の行列式**とよび，

$$\det A,\ \ |A|,\ \begin{vmatrix} a_1 & b_1 & c_1 \\ a_2 & b_2 & c_2 \\ a_3 & b_3 & c_3 \end{vmatrix}$$

などとかくのである.

この行列式の値は，とても丸暗記などできまい.

そこで，次のような**記憶法**を紹介しよう：

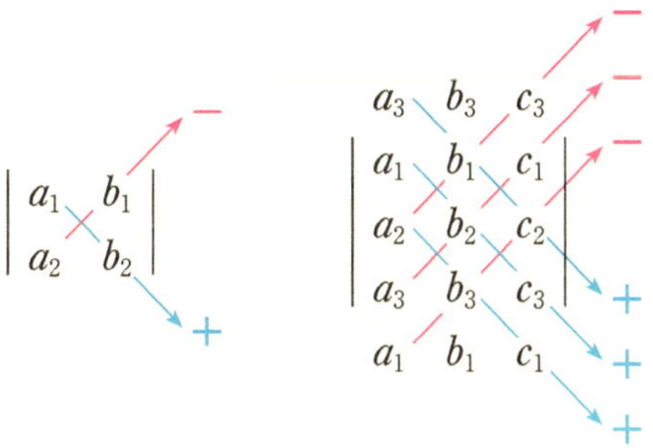

2次・3次どちらも，

↘の積には＋（プラス）を　　↗の積には－（マイナス）を

つけて合計する．この方法を**サラスの展開**などとよぶが，4次以上の行列式には使えないことを注意しておこう.

具体例やっておこう.

例　$|A|=\begin{vmatrix} 6 & 1 & 3 \\ 3 & -4 & 5 \\ 1 & 3 & -2 \end{vmatrix}$　の値を求めよ.

解

$$\begin{vmatrix} 1 & 3 & -2 \\ 6 & 1 & 3 \\ 3 & -4 & 5 \\ 1 & 3 & -2 \\ 6 & 1 & 3 \end{vmatrix} \begin{array}{l} -6 \\ -12 \\ 90 \\ \\ 5 \\ 48 \\ 27 \end{array}$$

> 成分の位置が正しくないと，矢印の筋を間違います．

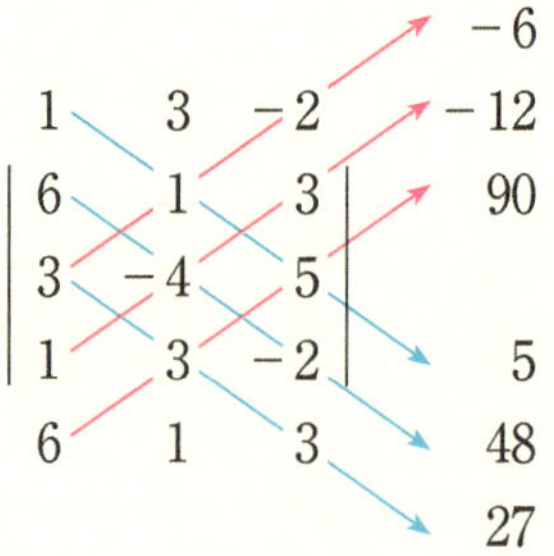

$$\therefore \quad |A| = (5+48+27) - ((-6)+(-12)+90) = 8$$

n 次の行列式

2次・3次の場合から，n 次についても類推できると思うが，念のため，一応，定義を述べておくことにしよう．

n 個の n 次元ベクトルについて，次の性質をもつ演算を考える：

1° ［線形性］

(1) 一つのベクトルを k 倍すると，値も k 倍になる．たとえば，
$$(ka_1) \wedge a_2 \wedge \cdots \wedge a_n = k(a_1 \wedge a_2 \wedge \cdots \wedge a_n)$$

(2) **分配法則**を満たす．たとえば，
$$(a_1 + a_1{}') \wedge a_2 \wedge \cdots \wedge a_n$$
$$= (a_1 \wedge a_2 \wedge \cdots \wedge a_n) + (a_1{}' \wedge a_2 \wedge \cdots \wedge a_n)$$

2° ［交代性］

二つのベクトルを入れかえると，符号だけ変わる．たとえば，
$$a_2 \wedge a_1 \wedge a_3 \wedge \cdots \wedge a_n = -(a_1 \wedge a_2 \wedge a_3 \wedge \cdots \wedge a_n)$$

3° ［正規性］
$$e_1 \wedge e_2 \wedge \cdots \wedge e_n = 1$$

以上の演算規則によって，$a_1 \wedge a_2 \wedge \cdots \wedge a_n$ を**計算し尽した値**を，

$$n \text{ 次の行列式} \quad |a_1 \; a_2 \; \cdots \; a_n|$$

と定義する．なお，1次正方行列 $A = [a]$ の行列式は，$|A| = a$ と定義する．いいね．

プラスα　implicit・explicit

この本では，与えられた行列 $A = [\,\boldsymbol{a}\ \boldsymbol{b}\ \boldsymbol{c}\,]$ に対して，

線形性・交代性・正規性

をもつ値 $\boldsymbol{a}\wedge\boldsymbol{b}\wedge\boldsymbol{c}$ を，行列式 $|A|$ とよびました．

すなわち，上の三条件(これを**交代多重線形性**といいます)を満たす $\boldsymbol{a}$，$\boldsymbol{b}$，$\boldsymbol{c}$ の関数を，行列式と定義したのでした．

このような定義を **implicit な定義**といいます．

逆に，交代多重線形性をフル活用し，**計算し尽した値を明示し**，これを行列式と定義する方式が **explicit な定義**です：

$$\text{行列 } A = \begin{bmatrix} a_1 & b_1 & c_1 \\ a_2 & b_2 & c_2 \\ a_3 & b_3 & c_3 \end{bmatrix}$$

の各列から一つずつ，同じ行から重複なくとった成分の積

$$a_i b_j c_k \quad (i,\ j,\ k \text{ は相異なる})$$

は，3! 個できますが，これらに，**符号** $\mathrm{sgn}(i,\ j,\ k)$ をつけた

$$\mathrm{sgn}(i,\ j,\ k)\, a_i b_j c_k \quad \text{の総和}$$

を，行列式 $|A|$ と定義するわけです．ここで，(1, 2, 3) が，

偶数回の入れかえで $(i,\ j,\ k)$ になれば，$\mathrm{sgn}(i,\ j,\ k) = +1$

奇数回の入れかえで $(i,\ j,\ k)$ になれば，$\mathrm{sgn}(i,\ j,\ k) = -1$

とします．ちなみに，

$$a_1b_2c_3,\ a_2b_3c_1,\ a_3b_1c_2 \text{ の符号は，} +1$$

$$a_1b_3c_2,\ a_2b_1c_3,\ a_3b_2c_1 \text{ の符号は，} -1$$

となります．

行列式の性質

平行六面体の体積は，線形性・交代性という性質をもっていた．これらの性質を，**行列式の言葉で言い換え**てみよう．

(1)　ある列を k 倍すると，行列式の値も k 倍になる．

(2)　ある列が二つのベクトルの和になっている行列式は，それぞれのベクトルをその列とする二つの行列式の和になる．

(3)　二つの列を交換すると，行列式の値は符号だけ変わる．

(4)　二つの列が一致する行列式の値は，0 である．

具体例を式でかいてみると，

(1) $$\begin{vmatrix} a_1 & b_1 & kc_1 \\ a_2 & b_2 & kc_2 \\ a_3 & b_3 & kc_3 \end{vmatrix} = k \begin{vmatrix} a_1 & b_1 & c_1 \\ a_2 & b_2 & c_2 \\ a_3 & b_3 & c_3 \end{vmatrix}$$

◀ 3 列から k をくくり出すという

(2) $$\begin{vmatrix} a_1 & b_1+b_1' & c_1 \\ a_2 & b_2+b_2' & c_2 \\ a_3 & b_3+b_3' & c_3 \end{vmatrix} = \begin{vmatrix} a_1 & b_1 & c_1 \\ a_2 & b_2 & c_2 \\ a_3 & b_3 & c_3 \end{vmatrix} + \begin{vmatrix} a_1 & b_1' & c_1 \\ a_2 & b_2' & c_2 \\ a_3 & b_3' & c_3 \end{vmatrix}$$

(3) $$\begin{vmatrix} c_1 & b_1 & a_1 \\ c_2 & b_2 & a_2 \\ c_3 & b_3 & a_3 \end{vmatrix} = - \begin{vmatrix} a_1 & b_1 & c_1 \\ a_2 & b_2 & c_2 \\ a_3 & b_3 & c_3 \end{vmatrix}$$

(4) $$\begin{vmatrix} a_1 & b_1 & a_1 \\ a_2 & b_2 & a_2 \\ a_3 & b_3 & a_3 \end{vmatrix} = 0$$

◀ (3) で c_1, c_2, c_3 の代わりに a_1, a_2, a_3 とおく

以上の性質から，次の大切な性質が得られる：

> ある列を k 倍して他の列に加えても，行列式の値は変わらない．

行列式の基本性質

証明　たとえば，

$$\begin{vmatrix} a_1+kc_1 & b_1 & c_1 \\ a_2+kc_2 & b_2 & c_2 \\ a_3+kc_3 & b_3 & c_3 \end{vmatrix} = \begin{vmatrix} a_1 & b_1 & c_1 \\ a_2 & b_2 & c_2 \\ a_3 & b_3 & c_3 \end{vmatrix} + \begin{vmatrix} kc_1 & b_1 & c_1 \\ kc_2 & b_2 & c_2 \\ kc_3 & b_3 & c_3 \end{vmatrix}$$

$$= \begin{vmatrix} a_1 & b_1 & c_1 \\ a_2 & b_2 & c_2 \\ a_3 & b_3 & c_3 \end{vmatrix} + k\begin{vmatrix} c_1 & b_1 & c_1 \\ c_2 & b_2 & c_2 \\ c_3 & b_3 & c_3 \end{vmatrix}$$

$$= \begin{vmatrix} a_1 & b_1 & c_1 \\ a_2 & b_2 & c_2 \\ a_3 & b_3 & c_3 \end{vmatrix}$$

この性質を活用する具体例を挙げよう．

例

$$\begin{vmatrix} 2 & 8 & 5 \\ 4 & 9 & 3 \\ 3 & 7 & 6 \end{vmatrix}$$

$$= \begin{vmatrix} 2 & 8+2\times(-4) & 5+2\times(-2) \\ 4 & 9+4\times(-4) & 3+4\times(-2) \\ 3 & 7+3\times(-4) & 6+3\times(-2) \end{vmatrix}$$

◀ 2列＋1列×(−4)

◀ 3列＋1列×(−2)

$$= \begin{vmatrix} 2 & 0 & 1 \\ 4 & -7 & -5 \\ 3 & -5 & 0 \end{vmatrix} = -49$$

◀ サラスの展開

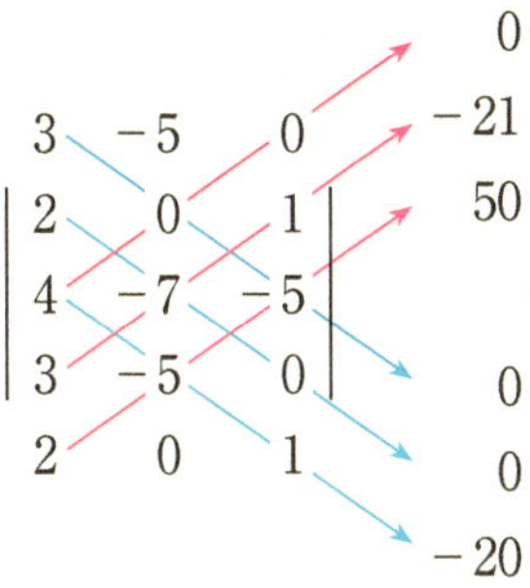

$$= -20-(-21+50) = -49$$

例題 7.1　サラスの展開

サラスの展開によって，次の行列式の値を求めよ：

$$|A|=\begin{vmatrix} 2 & -7 \\ 3 & 9 \end{vmatrix},\quad |B|=\begin{vmatrix} 3 & -5 & 1 \\ 1 & 2 & -4 \\ 4 & 3 & 2 \end{vmatrix}$$

［解答］

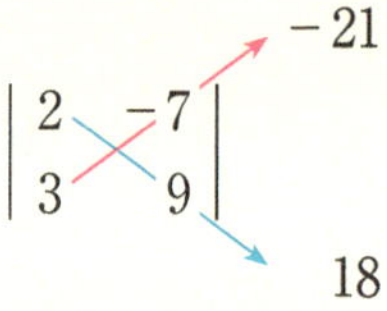

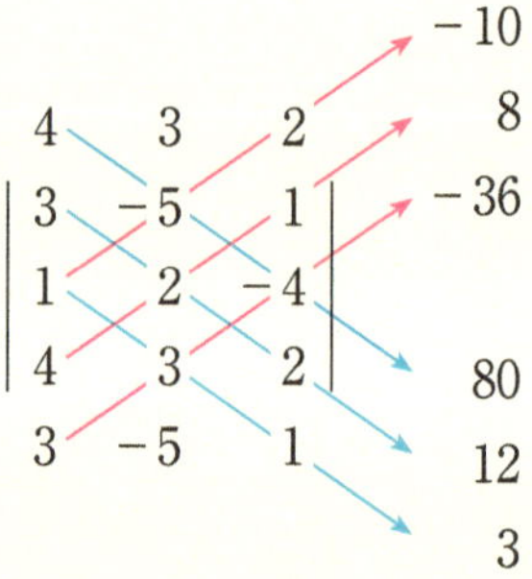

↘の積に符号＋，↗の積に符号−を付けて合計する

$|A|=18-(-21)=39$

$|B|=(80+12+3)-((-10)+8+(-36))=133$

▶**注**　サラスの展開も多様，諸君お好みの形を愛用されたい：

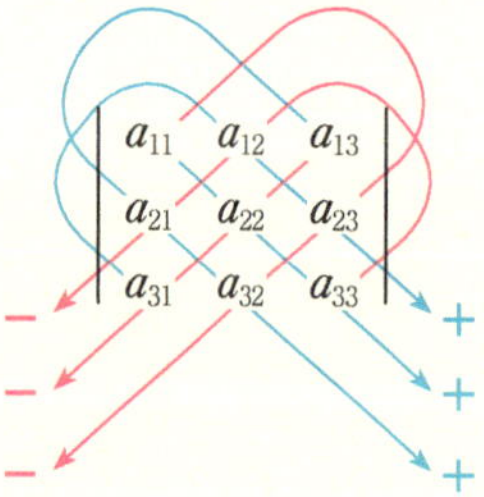

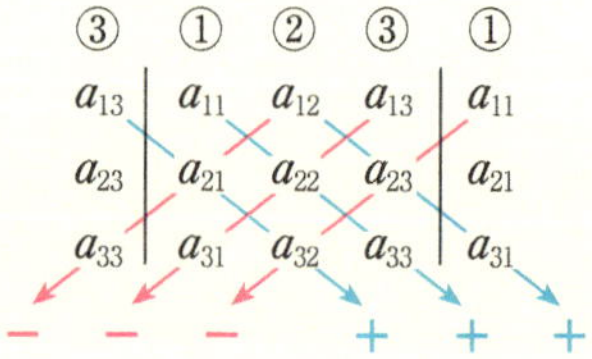

プラスα　歴史的順位

行列の理論には，行列式の一般論を必ずしも必要としません．

理論的には，**行列　⇒　行列式**

ですが，歴史的には，行列式（G. W. F Leibniz（ライプニッツ） 1646-1716）が先で，行列（A. Cayley（ケーリー） 1821-1895）が後なのです．

行列と行列式は，歴史と理論が逆転している珍らしい例といえましょう．

演習問題 7.1

サラスの展開によって，次の行列式の値を求めよ．

$$|A| = \begin{vmatrix} 3 & 5 \\ -4 & 7 \end{vmatrix}, \quad |B| = \begin{vmatrix} 1 & 4 & 2 \\ 3 & -1 & -2 \\ 3 & 9 & 7 \end{vmatrix}$$

§8 余因子展開

多重線形性のフル活用

余因子展開

$$A=\begin{bmatrix} a_1 & b_1 & c_1 \\ a_2 & b_2 & c_2 \\ a_3 & b_3 & c_3 \end{bmatrix} \text{ の 3 次の行列式 } \quad |A|=\boldsymbol{a}\wedge\boldsymbol{b}\wedge\boldsymbol{c}$$

を，次のように変形してみる．

$$\begin{aligned}\boldsymbol{a}\wedge\boldsymbol{b}\wedge\boldsymbol{c} &= (a_1\boldsymbol{e}_1+a_2\boldsymbol{e}_2+a_3\boldsymbol{e}_3)\wedge\boldsymbol{b}\wedge\boldsymbol{c} \\ &= \underbrace{(a_1\boldsymbol{e}_1)\wedge\boldsymbol{b}\wedge\boldsymbol{c}}_{\text{第 1 項}}+\underbrace{(a_2\boldsymbol{e}_2)\wedge\boldsymbol{b}\wedge\boldsymbol{c}}_{\text{第 2 項}}+\underbrace{(a_3\boldsymbol{e}_3)\wedge\boldsymbol{b}\wedge\boldsymbol{c}}_{\text{第 3 項}}\end{aligned}$$

さて，$\boldsymbol{e}_i$, $\boldsymbol{e}_j$, $\boldsymbol{e}_k$ の中に同じものがあれば，$\boldsymbol{e}_i\wedge\boldsymbol{e}_j\wedge\boldsymbol{e}_k=0$ だから，

◀ 交代性

$$\begin{aligned}\text{第 1 項} &= (a_1\boldsymbol{e}_1)\wedge(b_1\boldsymbol{e}_1+b_2\boldsymbol{e}_2+b_3\boldsymbol{e}_3)\wedge(c_1\boldsymbol{e}_1+c_2\boldsymbol{e}_2+c_3\boldsymbol{e}_3) \\ &= (a_1\boldsymbol{e}_1)\wedge(b_2\boldsymbol{e}_2+b_3\boldsymbol{e}_3)\wedge(c_2\boldsymbol{e}_2+c_3\boldsymbol{e}_3)\end{aligned}$$

となり，2 次の場合と同様に，

$$(b_2\boldsymbol{e}_2+b_3\boldsymbol{e}_3)\wedge(c_2\boldsymbol{e}_2+c_3\boldsymbol{e}_3)=\begin{vmatrix} b_2 & c_2 \\ b_3 & c_3 \end{vmatrix}(\boldsymbol{e}_2\wedge\boldsymbol{e}_3)$$

が得られるから，けっきょく，

$$\text{第 1 項}=a_1\begin{vmatrix} b_2 & c_2 \\ b_3 & c_3 \end{vmatrix}(\boldsymbol{e}_1\wedge\boldsymbol{e}_2\wedge\boldsymbol{e}_3)$$

同様に，

$$\text{第 2 項}=a_2\begin{vmatrix} b_1 & c_1 \\ b_3 & c_3 \end{vmatrix}(\boldsymbol{e}_2\wedge\boldsymbol{e}_1\wedge\boldsymbol{e}_3)$$

$$\text{第 3 項}=a_3\begin{vmatrix} b_1 & c_1 \\ b_2 & c_2 \end{vmatrix}(\boldsymbol{e}_3\wedge\boldsymbol{e}_1\wedge\boldsymbol{e}_2)$$

$$\boldsymbol{e}_1\wedge\boldsymbol{e}_2\wedge\boldsymbol{e}_3=1,\quad \boldsymbol{e}_2\wedge\boldsymbol{e}_1\wedge\boldsymbol{e}_3=-1,\quad \boldsymbol{e}_3\wedge\boldsymbol{e}_1\wedge\boldsymbol{e}_2=1$$

だから，3 次の行列式 $|A|=\boldsymbol{a}\wedge\boldsymbol{b}\wedge\boldsymbol{c}$ は，次のようにかける：

$$(1)\quad \begin{vmatrix} a_1 & b_1 & c_1 \\ a_2 & b_2 & c_2 \\ a_3 & b_3 & c_3 \end{vmatrix} = a_1\begin{vmatrix} b_2 & c_2 \\ b_3 & c_3 \end{vmatrix} - a_2\begin{vmatrix} b_1 & c_1 \\ b_3 & c_3 \end{vmatrix} + a_3\begin{vmatrix} b_1 & c_1 \\ b_2 & c_2 \end{vmatrix}$$

これを，左辺の行列式の **1 列による展開**という．同様にして得られる

$$(2)\quad \begin{vmatrix} a_1 & b_1 & c_1 \\ a_2 & b_2 & c_2 \\ a_3 & b_3 & c_3 \end{vmatrix} = -b_1\begin{vmatrix} a_2 & c_2 \\ a_3 & c_3 \end{vmatrix} + b_2\begin{vmatrix} a_1 & c_1 \\ a_3 & c_3 \end{vmatrix} - b_3\begin{vmatrix} a_1 & c_1 \\ a_2 & c_2 \end{vmatrix}$$

$$(3)\quad \begin{vmatrix} a_1 & b_1 & c_1 \\ a_2 & b_2 & c_2 \\ a_3 & b_3 & c_3 \end{vmatrix} = c_1\begin{vmatrix} a_2 & b_2 \\ a_3 & b_3 \end{vmatrix} - c_2\begin{vmatrix} a_1 & b_1 \\ a_3 & c_3 \end{vmatrix} + c_3\begin{vmatrix} a_1 & b_1 \\ a_2 & b_2 \end{vmatrix}$$

を，それぞれ，**2 列による展開**・**3 列による展開**という．

これを見て，読者諸君は，「これ，憶えなきゃいけないの？」などと言ってはいけない．丸暗記などせず，スイスイすらすら，という方法を説明するから――

その前に，また，$\boldsymbol{a}\wedge\boldsymbol{b}\wedge\boldsymbol{c}$ を，次のように展開したらどうだろう：

$\boldsymbol{e}_i$, $\boldsymbol{e}_j$, $\boldsymbol{e}_k$ の中に同じものがあれば，$\boldsymbol{e}_i\wedge\boldsymbol{e}_j\wedge\boldsymbol{e}_k=0$

であることに注意すれば，

$$\begin{aligned}
&\boldsymbol{a}\wedge\boldsymbol{b}\wedge\boldsymbol{c}\\
&=(a_1\boldsymbol{e}_1+a_2\boldsymbol{e}_2+a_3\boldsymbol{e}_3)\wedge(b_1\boldsymbol{e}_1+b_2\boldsymbol{e}_2+b_3\boldsymbol{e}_3)\wedge(c_1\boldsymbol{e}_1+c_2\boldsymbol{e}_2+c_3\boldsymbol{e}_3)\\
&=\ a_1\boldsymbol{e}_1\wedge(b_2\boldsymbol{e}_2+b_3\boldsymbol{e}_3)\wedge(c_2\boldsymbol{e}_2+c_3\boldsymbol{e}_3) \quad \cdots \quad \text{第 1 項}\\
&\quad+(a_2\boldsymbol{e}_2+a_3\boldsymbol{e}_3)\wedge b_1\boldsymbol{e}_1\wedge(c_2\boldsymbol{e}_2+c_3\boldsymbol{e}_3) \quad \cdots \quad \text{第 2 項}\\
&\quad+(a_2\boldsymbol{e}_2+a_3\boldsymbol{e}_3)\wedge(b_2\boldsymbol{e}_2+b_3\boldsymbol{e}_3)\wedge c_1\boldsymbol{e}_1 \quad \cdots \quad \text{第 3 項}
\end{aligned}$$

この場合も，

$$\text{第 1 項}=\ a_1\begin{vmatrix} b_2 & c_2 \\ b_3 & c_3 \end{vmatrix}(\boldsymbol{e}_1\wedge\boldsymbol{e}_2\wedge\boldsymbol{e}_3)$$

$$\text{第 2 項}=-b_1\begin{vmatrix} a_2 & c_2 \\ a_3 & c_3 \end{vmatrix}(\boldsymbol{e}_1\wedge\boldsymbol{e}_2\wedge\boldsymbol{e}_3)$$

$$\text{第 3 項} = \quad c_1 \begin{vmatrix} a_2 & b_2 \\ a_3 & b_3 \end{vmatrix} (\boldsymbol{e}_1 \wedge \boldsymbol{e}_2 \wedge \boldsymbol{e}_3)$$

となるから,

$$(1)' \quad \begin{vmatrix} a_1 & b_1 & c_1 \\ a_2 & b_2 & c_2 \\ a_3 & b_3 & c_3 \end{vmatrix} = a_1 \begin{vmatrix} b_2 & c_2 \\ b_3 & c_3 \end{vmatrix} - b_1 \begin{vmatrix} a_2 & c_2 \\ a_3 & c_3 \end{vmatrix} + c_1 \begin{vmatrix} a_2 & b_2 \\ a_3 & b_3 \end{vmatrix}$$

これを, 左辺の行列式の**1 行による展開**という.

2 行・3 行による展開も同様, 明記せずともよかろう.

さて, 一般に, (i, j)成分が a_{ij} である n 次の行列式 $|A|$ から i 行と j 列を取り除いて得られる $n-1$ 次の行列式 D_{ij} を $|A|$ の (i, j)成分の小行列式といい, $(-1)^{i+j}D_{ij}$ を, 行列式 $|A|$ の (i, j) 成分の**余因子(余因数)**という.

例

$$|A| = \begin{vmatrix} a_{11} & a_{12} & a_{13} & a_{14} \\ a_{21} & a_{22} & a_{23} & a_{24} \\ a_{31} & a_{32} & a_{33} & a_{24} \\ a_{41} & a_{42} & a_{43} & a_{44} \end{vmatrix}$$

から, 2 行と 3 列を取り除けば,

$$\begin{vmatrix} a_{11} & a_{12} & & a_{14} \\ & & & \\ a_{31} & a_{32} & & a_{34} \\ a_{41} & a_{42} & & a_{44} \end{vmatrix} \Rightarrow \begin{vmatrix} a_{11} & a_{12} & a_{14} \\ a_{31} & a_{32} & a_{34} \\ a_{41} & a_{42} & a_{44} \end{vmatrix}$$

したがって, 4 次の行列式 $|A|$ の $(2, 3)$成分の余因子は,

$$(-1)^{2+3} \begin{vmatrix} a_{11} & a_{12} & a_{14} \\ a_{31} & a_{32} & a_{34} \\ a_{41} & a_{42} & a_{44} \end{vmatrix} = - \begin{vmatrix} a_{11} & a_{12} & a_{14} \\ a_{31} & a_{32} & a_{34} \\ a_{41} & a_{42} & a_{44} \end{vmatrix}$$

この余因子という言葉を用いれば, 上の展開式は, 次のように明快に述べることができる.

公式は, 簡単のため 3 次の場合を記(しる)すが, もちろん, 一般の場合も同様である.

$(i,\ j)$成分が a_{ij} である3次の行列式 $|A|$ の $(i,\ j)$成分の余因子を A_{ij} とすれば，

$|A| = a_{1j}A_{1j} + a_{2j}A_{2j} + a_{3j}A_{3j}$ （j 列による展開）

$|A| = a_{i1}A_{i1} + a_{i2}A_{i2} + a_{i3}A_{i3}$ （i 行による展開）

余因子展開

転置行列式

行列式には，誰でも「本当かしら？」と思う不思議な性質がある：

行と列を入れ換えても，行列式の値は変わらない．

転置行列式

具体的にかいてみると，

$$\begin{vmatrix} a_1 & b_1 \\ a_2 & b_2 \end{vmatrix} = \begin{vmatrix} a_1 & a_2 \\ b_1 & b_2 \end{vmatrix},\quad \begin{vmatrix} a_1 & b_1 & c_1 \\ a_2 & b_2 & c_2 \\ a_3 & b_3 & c_3 \end{vmatrix} = \begin{vmatrix} a_1 & a_2 & a_3 \\ b_1 & b_2 & b_3 \\ c_1 & c_2 & c_3 \end{vmatrix}$$

この主張の正しいことを，面積・体積という**意味から説明することは難しく**，けっきょく，両方の行列式の値を**成分でかき尽して比較**することになる．

2次の場合は，次のように，直接確かめることができる：

$$\begin{vmatrix} a_1 & b_1 \\ a_2 & b_2 \end{vmatrix} = a_1b_2 - a_2b_1,\quad \begin{vmatrix} a_1 & a_2 \\ b_1 & b_2 \end{vmatrix} = a_1b_2 - a_2b_1$$

3次の場合は，1列による展開と1行による展開とを考えると，

$$\begin{vmatrix} a_1 & b_1 & c_1 \\ a_2 & b_2 & c_2 \\ a_3 & b_3 & c_3 \end{vmatrix} = a_1\begin{vmatrix} b_2 & c_2 \\ b_3 & c_3 \end{vmatrix} - a_2\begin{vmatrix} b_1 & c_1 \\ b_3 & c_3 \end{vmatrix} + a_3\begin{vmatrix} b_1 & c_1 \\ b_2 & c_2 \end{vmatrix}$$

$$\begin{vmatrix} a_1 & a_2 & a_3 \\ b_1 & b_2 & b_3 \\ c_1 & c_2 & c_3 \end{vmatrix} = a_1\begin{vmatrix} b_2 & b_3 \\ c_2 & c_3 \end{vmatrix} - a_2\begin{vmatrix} b_1 & b_3 \\ c_1 & c_3 \end{vmatrix} + a_3\begin{vmatrix} b_1 & b_2 \\ c_1 & c_2 \end{vmatrix}$$

ところで，2 次の場合は確認ずみだから，この二つの等式を比べてみると，二つの 3 次の行列式の値が等しいことが分かる．

一般の場合は，同様に，

$$2\text{次} \to 3\text{次} \to \cdots \to n-1\text{次} \to n\text{次}$$

のように順次証明される．

▶**注**　一般に，$(m,\ n)$行列 A の行と列を入れかえて得られる $(n,\ m)$行列を A の**転置行列**とよび，A'（本によっては ${}^tA$）などとかく．

例　$A=\begin{bmatrix} 4 & 3 \\ 0 & 5 \\ 7 & 1 \end{bmatrix} \Longrightarrow A'=\begin{bmatrix} 4 & 0 & 7 \\ 3 & 5 & 1 \end{bmatrix}$

“行と列を入れ換えても，行列式の値は変わらない”　◀ $|A|=|A'|$

という性質によって，**列についての性質は，そっくり行についても成り立つ**ことが分かる．

念のために，記してみると，次のようである：

1　ある列を k 倍すると，行列式の値も k 倍になる．	**1′**　ある行を k 倍すると，行列式の値も k 倍になる．
2　二つの列を交換すると，行列式の値は，符号だけ変わる．	**2′**　二つの行を交換すると，行列式の値は，符号だけ変わる．
3　二つの列が一致する行列式の値は，0 である．	**3′**　二つの行が一致する行列式の値は，0 である．

また，次の性質も，**行列式の計算に不可欠**である：

ある列の k 倍を他の列に加えても，行列式の値は変わらない．	ある行の k 倍を他の行に加えても，行列式の値は変わらない．

次に，余因子展開の図形的な意味を，少し見ておこうか．

たとえば，1 列についての展開を考えると，

$$\begin{vmatrix} a_1 & b_1 & c_1 \\ a_2 & b_2 & c_2 \\ a_3 & b_3 & c_3 \end{vmatrix} = \begin{vmatrix} a_1+0+0 & b_1 & c_1 \\ 0+a_2+0 & b_2 & c_2 \\ 0+0+a_3 & b_3 & c_3 \end{vmatrix}$$

$$= \begin{vmatrix} a_1 & b_1 & c_1 \\ 0 & b_2 & c_2 \\ 0 & b_3 & c_3 \end{vmatrix} + \begin{vmatrix} 0 & b_1 & c_1 \\ a_2 & b_2 & c_2 \\ 0 & b_3 & c_3 \end{vmatrix} + \begin{vmatrix} 0 & b_1 & c_1 \\ 0 & b_2 & c_2 \\ a_3 & b_3 & c_3 \end{vmatrix}$$

$$\overset{(*)}{=} \begin{vmatrix} a_1 & 0 & 0 \\ 0 & b_2 & c_2 \\ 0 & b_3 & c_3 \end{vmatrix} + \begin{vmatrix} 0 & b_1 & c_1 \\ a_2 & 0 & 0 \\ 0 & b_3 & c_3 \end{vmatrix} + \begin{vmatrix} 0 & b_1 & c_1 \\ 0 & b_2 & c_2 \\ a_3 & 0 & 0 \end{vmatrix}$$

$(*)$：第1項で，2列 + 1列 × $(-b_1/a_1)$　3列 + 1列 × $(-c_1/a_1)$．
第2・3項も，同様．

この第1項を図示すれば，右のようになる．

面積 = $\begin{vmatrix} b_2 & c_2 \\ b_3 & c_3 \end{vmatrix}$

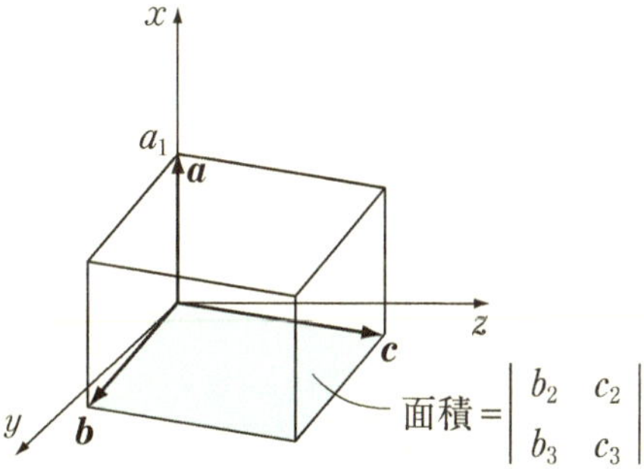

この1列による展開を，こんなふうに憶えよう：

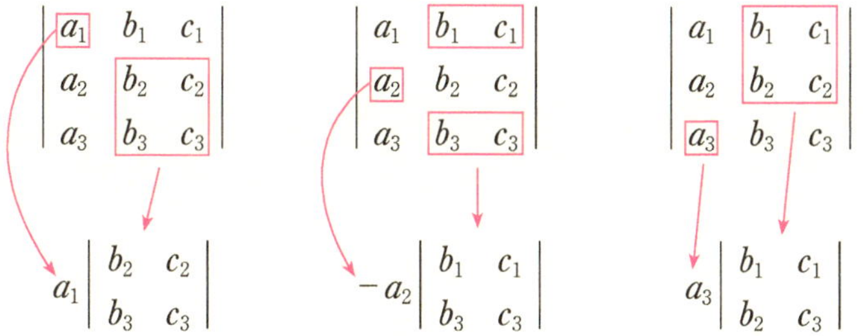

$$a_1 \begin{vmatrix} b_2 & c_2 \\ b_3 & c_3 \end{vmatrix} \quad -a_2 \begin{vmatrix} b_1 & c_1 \\ b_3 & c_3 \end{vmatrix} \quad a_3 \begin{vmatrix} b_1 & c_1 \\ b_2 & c_2 \end{vmatrix}$$

2番目の $-$ は，次のように考えればいいね：

$$\begin{vmatrix} a_1 & b_1 & c_1 \\ a_2 & b_2 & c_2 \\ a_3 & b_3 & c_3 \end{vmatrix} = - \begin{vmatrix} a_2 & b_2 & c_2 \\ a_1 & b_1 & c_1 \\ a_3 & b_3 & c_3 \end{vmatrix}$$

◀ 1行・2行を交換

例題 8.1　　余因子展開

$$|A| = \begin{vmatrix} 2 & 7 & 6 \\ 9 & 5 & 1 \\ 4 & 3 & 8 \end{vmatrix}$$ とする.

(1)　(3, 2) 成分の余因子 A_{32} を求めよ.

(2)　2 行について展開することによって，$|A|$ の値を求めよ.

(3)　1 列について展開することによって，$|A|$ の値を求めよ.

行列式の計算は，本来の定義から直接求めることは少なく，

行列式の基本性質

余因子展開

のフル活用が，ふつうである.

> **余　因　子**
>
> n 次行列式 $|A|$ から i 行と j 列を除いた $n-1$ 次小行列式に $(-1)^{i+j}$ を掛けたものが，(i, j)成分の余因子.

[解答]　(1)　(3, 2)成分の属する 3 行と 2 列を**消し去る**：

$$\begin{vmatrix} 2 & 7 & 6 \\ 9 & 5 & 1 \\ 4 & 3 & 8 \end{vmatrix} \Longrightarrow \begin{vmatrix} 2 & & 6 \\ 9 & & 1 \\ & & \end{vmatrix} \Longrightarrow \begin{vmatrix} 2 & 6 \\ 9 & 1 \end{vmatrix}$$

ゆえに，

$$A_{32} = (-1)^{3+2}\begin{vmatrix} 2 & 6 \\ 9 & 1 \end{vmatrix} = (-1) \times \begin{vmatrix} 2 & 6 \\ 9 & 1 \end{vmatrix} = 52$$

> $|A|$ の (i, j)成分 a_{ij} の余因子を A_{ij} とすると，
>
> $|A| = a_{i1}A_{i1} + a_{i2}A_{i2} + a_{i3}A_{i3}$　（**i 行による展開**）
>
> $|A| = a_{1j}A_{1j} + a_{2j}A_{2j} + a_{3j}A_{3j}$　（**j 列による展開**）

(2) $|A| = \begin{vmatrix} 2 & 7 & 6 \\ 9 & 5 & 1 \\ 4 & 3 & 8 \end{vmatrix}$

$= 9 \times (-1)^{2+1} \begin{vmatrix} 7 & 6 \\ 3 & 8 \end{vmatrix} + 5 \times (-1)^{2+2} \begin{vmatrix} 2 & 6 \\ 4 & 8 \end{vmatrix} + 1 \times (-1)^{2+3} \begin{vmatrix} 2 & 7 \\ 4 & 3 \end{vmatrix}$

$= \{9 \times (-1) \times 38\} + \{5 \times 1 \times (-8)\} + \{1 \times (-1) \times (-22)\}$

$= -360$

(3) $|A| = \begin{vmatrix} 2 & 7 & 6 \\ 9 & 5 & 1 \\ 4 & 3 & 8 \end{vmatrix}$

$= 2 \times (-1)^{1+1} \begin{vmatrix} 5 & 1 \\ 3 & 8 \end{vmatrix} + 9 \times (-1)^{2+1} \begin{vmatrix} 7 & 6 \\ 3 & 8 \end{vmatrix} + 4 \times (-1)^{3+1} \begin{vmatrix} 7 & 6 \\ 5 & 1 \end{vmatrix}$

$= \{2 \times 1 \times 37\} + \{9 \times (-1) \times 38\} + \{4 \times 1 \times (-23)\}$

$= -360$

$\begin{vmatrix} + & - & + \\ - & + & - \\ + & - & + \end{vmatrix}$

符号 $(-1)^{i+j}$ は，このようになります．

=== 演習問題 8.1 ===

$|A| = \begin{vmatrix} 1 & 3 & 2 \\ 8 & 4 & 9 \\ 7 & 5 & 6 \end{vmatrix}$ とする．

(1) $(2, 3)$ 成分の余因子 A_{23} を求めよ．

(2) 3行について展開することによって，$|A|$ の値を求めよ．

(3) 2列について展開することによって，$|A|$ の値を求めよ．

例題 8.2 　文字行列式

行列式 $|A|=\begin{vmatrix} a & a^2 & b+c \\ b & b^2 & c+a \\ c & c^2 & a+b \end{vmatrix}$ を因数分解せよ．

文字行列式も，成分が数値の場合と同様であるが，文字の対称性など，美しい形を活かし，気持よく解決したいものである．

［解答］

$$|A|=\begin{vmatrix} a & a^2 & b+c \\ b & b^2 & c+a \\ c & c^2 & a+b \end{vmatrix} \quad (-1)$$

◀ 1 行+2 行×(−1)

$$=\begin{vmatrix} a-b & a^2-b^2 & (b+c)-(c+a) \\ b & b^2 & c+a \\ c & c^2 & a+b \end{vmatrix} \quad (-1)$$

$$=\begin{vmatrix} a-b & a^2-b^2 & (b+c)-(c+a) \\ b-c & b^2-c^2 & (c+a)-(a+b) \\ c & c^2 & a+b \end{vmatrix}$$

$$=\begin{vmatrix} a-b & (a-b)(a+b) & b-a \\ b-c & (b-c)(b+c) & c-b \\ c & c^2 & a+b \end{vmatrix}$$

◀ 1 行から $a-b$ 2 行から $b-c$ をくくり出す

$$=(a-b)(b-c)\begin{vmatrix} 1 & a+b & -1 \\ 1 & b+c & -1 \\ c & c^2 & a+b \end{vmatrix}$$

◀ 3 列+1 列×1

$$=(a-b)(b-c)\begin{vmatrix} 1 & a+b & 0 \\ 1 & b+c & 0 \\ c & c^2 & a+b+c \end{vmatrix}$$

◀ 3 列で展開

$$= (a-b)(b-c)\times(a+b+c)\times(-1)^{3+3}\cdot\begin{vmatrix} 1 & a+b \\ 1 & b+c \end{vmatrix}$$

$$= (a-b)(b-c)(a+b+c)\cdot 1\cdot(c-a)$$

$$= (b-c)(c-a)(a-b)(a+b+c)$$

◀ 形を整える

▶**注**　最終結果が，

$(a-b)(b-c)(a+b+c)(c-a)$

では，いかにも美的感覚に欠ける．

問題の行列式に，a，b，c が対等の立場で登場するので，解答もそのようにしたいものだね．

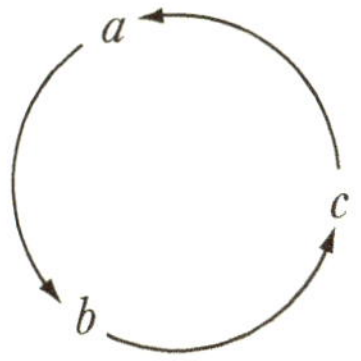

しりとり式

本問で，はじめに，

3列＋1列×1

を行って，$a+b+c$ を3列からくくり出すのも，いい方法ですが，右のように，二つの行を同時に変形し合ってはいけない．

Advice

同時に変え合うな！

$$-1\curvearrowleft\begin{vmatrix} a & a^2 & b+c \\ b & b^2 & c+a \\ c & c^2 & a+b \end{vmatrix}\curvearrowright -1$$

$$=\begin{vmatrix} a-b & a^2-b^2 & b-a \\ b-a & b^2-a^2 & a-b \\ c & c^2 & a+b \end{vmatrix}$$

のように，同時に変形し合ってはいけない！

演習問題 8.2

行列式　$|A|=\begin{vmatrix} 1 & 1 & 1 \\ a & b & c \\ a^2 & b^2 & c^2 \end{vmatrix}$　を因数分解せよ．

§9 行列式の応用

余因子展開大活躍

逆行列の公式

いま，行列式

$$|A|=\begin{vmatrix} a_{11} & a_{12} & a_{13} \\ a_{21} & a_{22} & a_{23} \\ a_{31} & a_{32} & a_{33} \end{vmatrix}$$

の $(i,\ j)$成分の余因子を A_{ij} とおこう．

この行列式を，たとえば，1 行について展開すると，

$$|A|=a_{11}A_{11}+a_{12}A_{12}+a_{13}A_{13}$$

となるね．それでは，この右辺の係数 a_{11}，a_{12}，a_{13} を，行列式 $|A|$ の 2 行 a_{21}，a_{22}，a_{23} でおきかえた式

$$a_{21}A_{11}+a_{22}A_{12}+a_{23}A_{13}$$

は，いったい何だろう？　それは，1 行と 2 行が一致した行列式

$$\begin{vmatrix} a_{21} & a_{22} & a_{23} \\ a_{21} & a_{22} & a_{23} \\ a_{31} & a_{32} & a_{33} \end{vmatrix}$$

を 1 行について展開した式になっている．そうだね．

ところで，**二つの行が一致している**行列式の値は，0 だったから，

$$a_{21}A_{11}+a_{22}A_{12}+a_{23}A_{13}=0$$

一般に，

$$a_{i1}A_{j1}+a_{i2}A_{j2}+a_{i3}A_{j3}=\begin{cases} |A| & (i=j\text{ のとき}) \\ 0 & (i\neq j\text{ のとき}) \end{cases}$$

列について，まったく同じ推論で，

$$a_{1i}A_{1j}+a_{2i}A_{2j}+a_{3i}A_{3j}=\begin{cases} |A| & (i=j\text{ のとき}) \\ 0 & (i\neq j\text{ のとき}) \end{cases}$$

これらの結果から，

$$\begin{bmatrix} a_{11} & a_{12} & a_{13} \\ a_{21} & a_{22} & a_{23} \\ a_{31} & a_{32} & a_{33} \end{bmatrix}\begin{bmatrix} A_{11} & A_{21} & A_{31} \\ A_{12} & A_{22} & A_{32} \\ A_{13} & A_{23} & A_{33} \end{bmatrix}=\begin{bmatrix} |A| & 0 & 0 \\ 0 & |A| & 0 \\ 0 & 0 & |A| \end{bmatrix}$$

$$\begin{bmatrix} A_{11} & A_{21} & A_{31} \\ A_{12} & A_{22} & A_{32} \\ A_{13} & A_{23} & A_{33} \end{bmatrix}\begin{bmatrix} a_{11} & a_{12} & a_{13} \\ a_{21} & a_{22} & a_{23} \\ a_{31} & a_{32} & a_{33} \end{bmatrix}=\begin{bmatrix} |A| & 0 & 0 \\ 0 & |A| & 0 \\ 0 & 0 & |A| \end{bmatrix}$$

したがって，次の公式が得られる：

$A=\begin{bmatrix} a_{11} & a_{12} & a_{13} \\ a_{21} & a_{22} & a_{23} \\ a_{31} & a_{32} & a_{33} \end{bmatrix}$ は，$|A|\neq 0$ のとき逆行列をもち，

$$A^{-1}=\frac{1}{|A|}\begin{bmatrix} A_{11} & A_{21} & A_{31} \\ A_{12} & A_{22} & A_{32} \\ A_{13} & A_{23} & A_{33} \end{bmatrix}=\frac{1}{|A|}\begin{bmatrix} A_{11} & A_{12} & A_{13} \\ A_{21} & A_{22} & A_{23} \\ A_{31} & A_{32} & A_{33} \end{bmatrix}'$$

逆行列の公式

だたし，A_{ij} は，行列式 $|A|$ の $(i,\ j)$ 成分の余因子で，最右辺の $'$（dash）は，転置行列を意味する．

いま，簡単のため，3 次の場合を記したが，一般の場合も同様である．

▶**注**　この公式で，$(i,\ j)$ 成分は，A_{ji} であって，A_{ij} ではない点に注意していただきたい．

◀ だから「転置」を考えるのだ

また，$|A|$ から i 行と j 列とを除去して得られる $n-1$ 次の行列式 D_{ij} を，$|A|$ の**小行列式**とよんだが，

$$A_{ij}=(-1)^{i+j}D_{ij}$$

だから，

$$A^{-1}=\frac{1}{|A|}\begin{bmatrix} D_{11} & -D_{12} & D_{13} \\ -D_{21} & D_{22} & -D_{23} \\ D_{31} & -D_{32} & D_{33} \end{bmatrix}'$$

である．いいね．

クラメルの公式

$$\text{連立1次方程式} \quad \begin{cases} a_1x+b_1y=d_1 \\ a_2x+b_2y=d_2 \end{cases}$$

あるいは,

$$\boldsymbol{a}=\begin{bmatrix} a_1 \\ a_2 \end{bmatrix}, \quad \boldsymbol{b}=\begin{bmatrix} b_1 \\ b_2 \end{bmatrix}, \quad \boldsymbol{d}=\begin{bmatrix} d_1 \\ d_2 \end{bmatrix}$$

とおき,

$$x\boldsymbol{a}+y\boldsymbol{b}=\boldsymbol{d}$$

を解くことは，ベクトル $\boldsymbol{d}$ を,

$\boldsymbol{a}$ 方向のベクトル $x\boldsymbol{a}$ と $\boldsymbol{b}$ 方向のベクトル $y\boldsymbol{b}$ の和

に分解することに相当する.

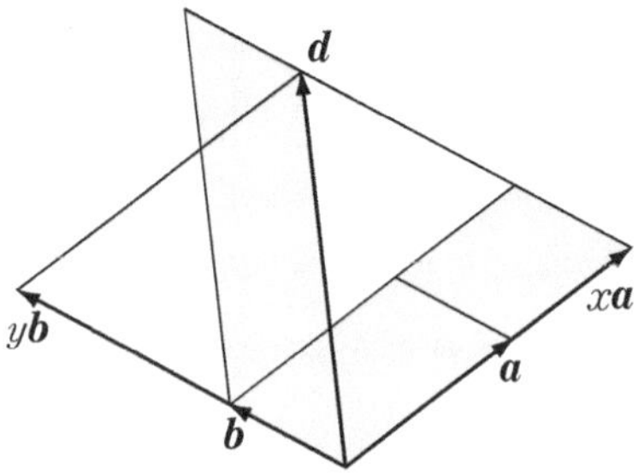

この場合，図の色のついた平行四辺形の面積に着目すれば,

$$\boldsymbol{d}\wedge\boldsymbol{b}=(x\boldsymbol{a})\wedge\boldsymbol{b}=x(\boldsymbol{a}\wedge\boldsymbol{b}) \qquad \therefore \quad x=\frac{\boldsymbol{d}\wedge\boldsymbol{b}}{\boldsymbol{a}\wedge\boldsymbol{b}}$$

ということになるが，この事実を行列式でかけば，次のようになろう：

$$\begin{vmatrix} d_1 & b_1 \\ d_2 & b_2 \end{vmatrix} = \begin{vmatrix} a_1x+b_1y & b_1 \\ a_2x+b_2y & b_2 \end{vmatrix} \overset{①}{=} \begin{vmatrix} a_1x & b_1 \\ a_2x & b_2 \end{vmatrix} \overset{②}{=} x\begin{vmatrix} a_1 & b_1 \\ a_2 & b_2 \end{vmatrix}$$

[①：1列＋2列×$(-y)$　②：1列から x をくくり出す]

$$\therefore \quad x=\frac{\begin{vmatrix} d_1 & b_1 \\ d_2 & b_2 \end{vmatrix}}{\begin{vmatrix} a_1 & b_1 \\ a_2 & b_2 \end{vmatrix}} \quad \text{ただし,} \begin{vmatrix} a_1 & b_1 \\ a_2 & b_2 \end{vmatrix} \neq 0 \text{ のとき.}$$

未知数が多くても，理屈は同じ，方程式の個数と未知数の個数が一致している連立1次方程式

$$\begin{cases} a_1x+b_1y+c_1z=d_1 \\ a_2x+b_2y+c_2z=d_2 \\ a_3x+b_3y+c_3z=d_3 \end{cases}$$

の**解の公式**を作ろう．

いまやった2次の場合と同様に，次の行列式を考える：

$$\begin{vmatrix} d_1 & b_1 & c_1 \\ d_2 & b_2 & c_2 \\ d_3 & b_3 & c_3 \end{vmatrix} = \begin{vmatrix} a_1x+b_1y+c_1z & b_1 & c_1 \\ a_2x+b_2y+c_2z & b_2 & c_2 \\ a_3x+b_3y+c_3z & b_3 & c_3 \end{vmatrix}$$

$$= \begin{vmatrix} a_1x & b_1 & c_1 \\ a_2x & b_2 & c_2 \\ a_3x & b_3 & c_3 \end{vmatrix}$$

◀ 2列×$(-y)$
3列×$(-z)$
を1列に加えた

$$= x\begin{vmatrix} a_1 & b_1 & c_1 \\ a_2 & b_2 & c_2 \\ a_3 & b_3 & c_3 \end{vmatrix}$$

◀ 1列から x を
くくり出した

したがって，係数行列式≠0 ならば，x が出てくる．y, z も同様．

ゆえに，次の公式が得られる．この公式を**クラメルの公式**という．

$$\begin{cases} a_1x+b_1y+c_1z=d_1 \\ a_2x+b_2y+c_2z=d_2 \\ a_3x+b_3y+c_3z=d_3 \end{cases} \quad \text{ただし，} \begin{vmatrix} a_1 & b_1 & c_1 \\ a_2 & b_2 & c_2 \\ a_3 & b_3 & c_3 \end{vmatrix} \neq 0$$

の解は，

$$x=\frac{\begin{vmatrix} d_1 & b_1 & c_1 \\ d_2 & b_2 & c_2 \\ d_3 & b_3 & c_3 \end{vmatrix}}{\begin{vmatrix} a_1 & b_1 & c_1 \\ a_2 & b_2 & c_2 \\ a_3 & b_3 & c_3 \end{vmatrix}},\quad y=\frac{\begin{vmatrix} a_1 & d_1 & c_1 \\ a_2 & d_2 & c_2 \\ a_3 & d_3 & c_3 \end{vmatrix}}{\begin{vmatrix} a_1 & b_1 & c_1 \\ a_2 & b_2 & c_2 \\ a_3 & b_3 & c_3 \end{vmatrix}},\quad z=\frac{\begin{vmatrix} a_1 & b_1 & d_1 \\ a_2 & b_2 & d_2 \\ a_3 & b_3 & d_3 \end{vmatrix}}{\begin{vmatrix} a_1 & b_1 & c_1 \\ a_2 & b_2 & c_2 \\ a_3 & b_3 & c_3 \end{vmatrix}}$$

となる．

例題 9.1 逆行列の公式

逆行列の公式を用いて，次の行列の逆行列を求めよ：

$$A=\begin{bmatrix} 2 & 3 & 2 \\ 6 & 9 & 7 \\ 4 & 7 & 6 \end{bmatrix}$$

Point

逆行列の公式

$$A^{-1}=\frac{1}{|A|}\begin{bmatrix} D_{11} & -D_{12} & D_{13} \\ -D_{21} & D_{22} & -D_{23} \\ D_{31} & -D_{32} & D_{33} \end{bmatrix}'$$

D_{ij} は $|A|$ から i 行と j 列を除いた小行列式.

[解答]

$$|A|=\begin{vmatrix} 2 & 3 & 2 \\ 6 & 9 & 7 \\ 4 & 7 & 6 \end{vmatrix}$$

$$=-\begin{vmatrix} 2 & 3 & 2 \\ 0 & 1 & 2 \\ 0 & 0 & 1 \end{vmatrix}=-2$$

◀ 2 行＋1 行×(−3)
◀ 3 行＋1 行×(−2)
◀ 2 行と 3 行を交換
◀ dash 忘れるな！

$$A^{-1}=\frac{1}{|A|}\begin{bmatrix} \begin{vmatrix} 9 & 7 \\ 7 & 6 \end{vmatrix} & -\begin{vmatrix} 6 & 7 \\ 4 & 6 \end{vmatrix} & \begin{vmatrix} 6 & 9 \\ 4 & 7 \end{vmatrix} \\ -\begin{vmatrix} 3 & 2 \\ 7 & 6 \end{vmatrix} & \begin{vmatrix} 2 & 2 \\ 4 & 6 \end{vmatrix} & -\begin{vmatrix} 2 & 3 \\ 4 & 7 \end{vmatrix} \\ \begin{vmatrix} 3 & 2 \\ 9 & 7 \end{vmatrix} & -\begin{vmatrix} 2 & 2 \\ 6 & 7 \end{vmatrix} & \begin{vmatrix} 2 & 3 \\ 6 & 9 \end{vmatrix} \end{bmatrix}'$$

$$
= -\frac{1}{2}\left|\begin{array}{ccc} 5 & -8 & 6 \\ \hline -4 & 4 & -2 \\ \hline 3 & -2 & 0 \end{array}\right|'
$$

$$
= \frac{1}{2}\left[\begin{array}{c|c|c} -5 & 4 & -3 \\ 8 & -4 & 2 \\ -6 & 2 & 0 \end{array}\right]
$$

正方行列 A の正則条件

n 次正方行列 A について，次は同値：

1°　A は正則行列（逆行列をもつ）.

2°　A の n 個の列ベクトルは，一次独立.

3°　A の n 個の行ベクトルは，一次独立.

4°　$A\boldsymbol{x}=\boldsymbol{b}$ は，**ただ一組**の解をもつ.

5°　$|A| \neq 0$.

演習問題 9.1

逆行列の公式を用いて，次の行列の逆行列を求めよ：

$$
A = \begin{bmatrix} 3 & 1 & 2 \\ 7 & 3 & 6 \\ 6 & 2 & 5 \end{bmatrix}
$$

例題 9.2 ── クラメルの公式

クラメルの公式によって,次の連立1次方程式を解け.

(1) $\begin{cases} 3x+5y=5 \\ 4x+6y=8 \end{cases}$ 　　(2) $\begin{cases} x+y-z=6 \\ 5x+4y+3z=4 \\ 3x-y-2z=7 \end{cases}$

● クラメルの公式

$\begin{cases} a_1x+b_1y+c_1z=d_1 \\ a_2x+b_2y+c_2z=d_2, \\ a_3x+b_3y+c_3z=d_3 \end{cases}$ $\begin{vmatrix} a_1 & b_1 & c_1 \\ a_2 & b_2 & c_2 \\ a_3 & b_3 & c_3 \end{vmatrix} \neq 0$

の解は,

$$x=\frac{\begin{vmatrix} d_1 & b_1 & c_1 \\ d_2 & b_2 & c_2 \\ d_3 & b_3 & c_3 \end{vmatrix}}{\begin{vmatrix} a_1 & b_1 & c_1 \\ a_2 & b_2 & c_2 \\ a_3 & b_3 & c_3 \end{vmatrix}},\ y=\frac{\begin{vmatrix} a_1 & d_1 & c_1 \\ a_2 & d_2 & c_2 \\ a_3 & d_3 & c_3 \end{vmatrix}}{\begin{vmatrix} a_1 & b_1 & c_1 \\ a_2 & b_2 & c_2 \\ a_3 & b_3 & c_3 \end{vmatrix}},\ z=\frac{\begin{vmatrix} a_1 & b_1 & d_1 \\ a_2 & b_2 & d_2 \\ a_3 & b_3 & d_3 \end{vmatrix}}{\begin{vmatrix} a_1 & b_1 & c_1 \\ a_2 & b_2 & c_2 \\ a_3 & b_3 & c_3 \end{vmatrix}}$$

役 割 分 担

● クラメルの公式	● 基本変形の応用
1. 解が係数で明確に表現される.	1. 計算量が少なくてすむ.
2. 主に,理論的問題に有効.	2. 理論・応用両面に有効.

連立1次方程式には,二つの解き方があります.

[解答]

(1) $x=\dfrac{\begin{vmatrix} 5 & 5 \\ 8 & 6 \end{vmatrix}}{\begin{vmatrix} 3 & 5 \\ 4 & 6 \end{vmatrix}}=\dfrac{-10}{-2}=5,\quad y=\dfrac{\begin{vmatrix} 3 & 5 \\ 4 & 8 \end{vmatrix}}{\begin{vmatrix} 3 & 5 \\ 4 & 6 \end{vmatrix}}=\dfrac{4}{-2}=-2$

(2)

$$x=\dfrac{\begin{vmatrix} 6 & 1 & -1 \\ 4 & 4 & 3 \\ 7 & -1 & -2 \end{vmatrix}}{\begin{vmatrix} 1 & 1 & -1 \\ 5 & 4 & 3 \\ 3 & -1 & -2 \end{vmatrix}}=\dfrac{31}{31}=1,$$

$$y=\dfrac{\begin{vmatrix} 1 & 6 & -1 \\ 5 & 4 & 3 \\ 3 & 7 & -2 \end{vmatrix}}{\begin{vmatrix} 1 & 1 & -1 \\ 5 & 4 & 3 \\ 3 & -1 & -2 \end{vmatrix}}=\dfrac{62}{31}=2$$

$$z=\dfrac{\begin{vmatrix} 1 & 1 & 6 \\ 5 & 4 & 4 \\ 3 & -1 & 7 \end{vmatrix}}{\begin{vmatrix} 1 & 1 & -1 \\ 5 & 4 & 3 \\ 3 & -1 & -2 \end{vmatrix}}=\dfrac{-93}{31}=-3$$

演習問題 9.2

クラメルの公式によって，次の連立１次方程式を解け．

(1) $\begin{cases} 2x-5y=1 \\ -3x+7y=-2 \end{cases}$　　(2) $\begin{cases} 2x+y+z=3 \\ 3x+4y+3z=1 \\ 5x+y+4z=0 \end{cases}$

第 4 章　ベクトル空間と線形写像

2 次式だってベクトルだ

ぼくも，平治親分に“2 次式 ax^2+bx+c だってベクトルだ”と習って，「えっ？!」と驚いたり，「なるほど！」と納得したりしたひとりだった．**同一パターンは，同一視**してしまうんだね．

わたしも，そこから，ベクトル空間の考えが理解できてきたのです．線形写像も，**ベクトル世界での正比例関数**だと分かったのです．

§10 ベクトル空間

2次式だってベクトルだ

ベクトル空間

いま，x の2次式と3次元(数)ベクトルの間に，

たとえば，

$$ax^2+bx+c \longleftrightarrow \begin{bmatrix} a \\ b \\ c \end{bmatrix}$$

◀ここでは，高々2次式（0次・1次・2次）を，単に2次式という．

のような対応を考えよう．

このとき，たとえば，

$$\begin{array}{rr} & 2x^2+3x+7 \\ + & 5x^2+6x+1 \\ \hline & 7x^2+9x+8 \end{array} \qquad \begin{bmatrix} 2 \\ 3 \\ 7 \end{bmatrix}+\begin{bmatrix} 5 \\ 6 \\ 1 \end{bmatrix}=\begin{bmatrix} 7 \\ 9 \\ 8 \end{bmatrix}$$

$$\begin{array}{rr} & 2x^2+3x+7 \\ \times & 5 \\ \hline & 10x^2+15x+35 \end{array} \qquad 5\begin{bmatrix} 2 \\ 3 \\ 7 \end{bmatrix}=\begin{bmatrix} 10 \\ 15 \\ 35 \end{bmatrix}$$

という例からも分かるように，**和とスカラー倍を考えるかぎりでは**，2次式と3次元ベクトルは，**実質的に同じように振舞う**．この事実を，

2次式は，3次元ベクトルである

と言い切ることさえある．

こう考えると，こういう例は，たくさんあるね：

2次上三角行列 $\begin{bmatrix} a & b \\ 0 & c \end{bmatrix}$

◀(2, 1)成分が0の(2, 2)行列

さらに，

空間ベクトル

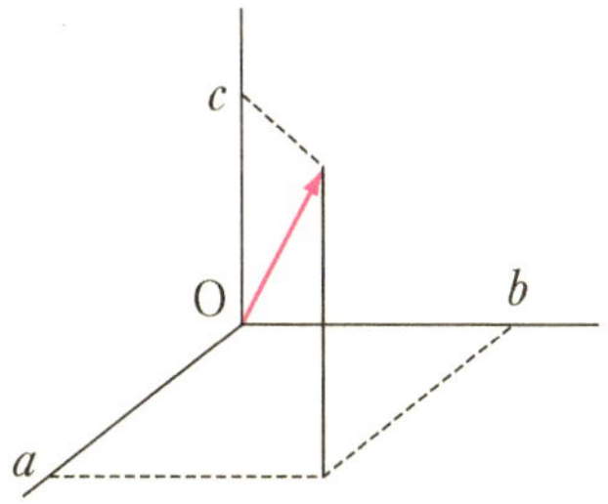

なども，和と定数倍を考えるだけならば，2 次式 ax^2+bx+c と，まったく同じように行動する —— ここから“ベクトル空間”という概念が発生する．

ところで，いま，数ベクトルを考えれば，その計算は，各成分ごとに数の和・定数倍を作っているにすぎないのだから，**数の計算と同一の計算法則が成立するハズ**である．それは，そうだね．

すなわち，次の性質をもっているのだ．

●和の公理

1° $\boldsymbol{a}+(\boldsymbol{b}+\boldsymbol{c})=(\boldsymbol{a}+\boldsymbol{b})+\boldsymbol{c}$

2° $\boldsymbol{a}+\boldsymbol{b}=\boldsymbol{b}+\boldsymbol{a}$

3° $\boldsymbol{a}+\boldsymbol{0}=\boldsymbol{a}$

4° $(\boldsymbol{a}-\boldsymbol{b})+\boldsymbol{b}=\boldsymbol{a}$

●スカラー倍の公理

5° $s(\boldsymbol{a}+\boldsymbol{b})=s\boldsymbol{a}+s\boldsymbol{b}$

6° $(s+t)\boldsymbol{a}=s\boldsymbol{a}+t\boldsymbol{a}$

7° $(st)\boldsymbol{a}=s(t\boldsymbol{a})$

8° $1\boldsymbol{a}=\boldsymbol{a}$

ベクトル空間の公理（系）

たとえば，2 次元数ベクトルについて，**1°**（加法の結合法則）は，次のように確かめられる：

◀ 2°～8° も同様

$$\begin{bmatrix} a_1 \\ a_2 \end{bmatrix} + \left(\begin{bmatrix} b_1 \\ b_2 \end{bmatrix} + \begin{bmatrix} c_1 \\ c_2 \end{bmatrix} \right) = \begin{bmatrix} a_1 \\ a_2 \end{bmatrix} + \begin{bmatrix} b_1 + c_1 \\ b_2 + c_2 \end{bmatrix}$$

$$= \begin{bmatrix} a_1 + (b_1 + c_1) \\ a_2 + (b_2 + c_2) \end{bmatrix}$$

$$= \begin{bmatrix} (a_1 + b_1) + c_1 \\ (a_2 + b_2) + c_2 \end{bmatrix}$$ ◀ **数についての結合法則**

$$= \begin{bmatrix} a_1 + b_1 \\ a_2 + b_2 \end{bmatrix} + \begin{bmatrix} c_1 \\ c_2 \end{bmatrix}$$

$$= \left(\begin{bmatrix} a_1 \\ a_2 \end{bmatrix} + \begin{bmatrix} b_1 \\ b_2 \end{bmatrix} \right) + \begin{bmatrix} c_1 \\ c_2 \end{bmatrix}$$

さらに，2次式も，上三角行列も，空間ベクトルも，和と定数倍については，1°〜8°をすべて満たしてしまう．

そこで，**ひるがえって**，数ベクトルや多項式にかぎらず，1°〜8°を満たすものは，何でも"ベクトル"とよんでしまいましょう，というのが，**現代数学の立場**だね．

すなわち，集合 V について，1°〜8°を満たすような，

元 0，和 $a+b$，差 $a-b$，スカラー倍 sa

が，定義されているとき，集合 V を**ベクトル空間**（または**線形空間**）といい，V の元を**ベクトル**とよぶのだ．

このとき，1°〜8°をベクトル空間の**公理**または**公理系**という．

また，スカラーが，

　実　数のとき，実ベクトル空間
　複素数のとき，複素ベクトル空間

という．

▶**注**　公理系 1°〜8°から得られる結論は，すべてのベクトル空間に共通の性質（定理）である．

公理(系)はベクトルとよばれるための最小限の条件です．

たとえば，$0\boldsymbol{a}=\mathbf{0}$ は，次のように証明される：

$$\boldsymbol{a} \overset{8^\circ}{=} 1\boldsymbol{a} = (1+0)\boldsymbol{a} \overset{6^\circ}{=} 1\boldsymbol{a} + 0\boldsymbol{a} \overset{8^\circ}{=} \boldsymbol{a} + 0\boldsymbol{a}$$

$$\therefore \quad \boldsymbol{a} = \boldsymbol{a} + 0\boldsymbol{a}$$

両辺に，$\mathbf{0}-\boldsymbol{a}$ を加えると，

$$(\mathbf{0}-\boldsymbol{a})+\boldsymbol{a}=(\mathbf{0}-\boldsymbol{a})+(\boldsymbol{a}+0\boldsymbol{a})$$

左辺に 4° を，右辺に，順次 1°，4°，2°，3° を用いると，

$$\mathbf{0}=((\mathbf{0}-\boldsymbol{a})+\boldsymbol{a})+0\boldsymbol{a}=\mathbf{0}+0\boldsymbol{a}=0\boldsymbol{a}+\mathbf{0}=0\boldsymbol{a}$$

数ベクトルで考えた概念の多くは，一般のベクトル空間についても，そのままそっくりの形で定義される．

たとえば，ベクトル空間 V のベクトル $\boldsymbol{a}_1$，$\boldsymbol{a}_2$，$\cdots$，$\boldsymbol{a}_k$ が，

$$s_1\boldsymbol{a}_1+s_2\boldsymbol{a}_2+\cdots+s_k\boldsymbol{a}_k=\mathbf{0}$$

となるのが，

$s_1=s_2=\cdots=s_k=0$　以外にはないとき，**一次独立**

$s_1=s_2=\cdots=s_k=0$　以外にもあるとき，**一次従属**

という．

なお，この定義から，次は，ほぼ明らかであろう：

- 一次独立ないくつかのベクトルの一部分は，一次独立
- 一次従属なベクトルにいくつかのベクトルを追加しても一次従属．

それでは，次に，ベクトル空間の有名な例を挙げておこう．

例　n 次元実(数)ベクトルの全体

$$\left\{ \begin{bmatrix} x_1 \\ \vdots \\ x_n \end{bmatrix} \middle| \, x_1,\ x_2,\ \cdots,\ x_n : \text{実数} \right\}$$

◀ $\boldsymbol{R}^n$ とかく

例　実$(m,\ n)$型行列の全体

$$\left\{ \begin{bmatrix} a_{11} & a_{12} & \cdots & a_{1n} \\ a_{21} & a_{22} & \cdots & a_{2n} \\ \vdots & \vdots & & \vdots \\ a_{m1} & a_{m2} & \cdots & a_{mn} \end{bmatrix} \middle| \, \text{各 } a_{ij} : \text{実数} \right\}$$

◀ $\boldsymbol{M}(m,\ n : \boldsymbol{R})$ とかく

例　x の高々 n 次実係数多項式の全体　　◀ $\boldsymbol{P(n\,;R)}$ とかく

例　x の実係数多項式の全体　　◀ $\boldsymbol{P(R)}$ とかく

もちろん，P は Polynomial（多項式）の P だね．

部分空間

x の実係数 2 次式の全体

$$P(2\,;\boldsymbol{R})=\{ax^2+bx+c \mid a,\ b,\ c：実数\}$$

は，多項式としての和・実数倍について，ベクトル空間になる．

ところで，とくに，1 次の項を欠く 2 次式 ax^2+c の全体

$$W=\{ax^2+c \mid a,\ c：実数\}$$

を考えると，この W の二つの多項式の和・W の多項式の実数倍は，つねに再び W のメンバーになっている：

$$(ax^2+c)+(a'x^2+c')=(a+a')x^2+(c+c')$$

$$s(ax^2+c)=sax^2+sc$$

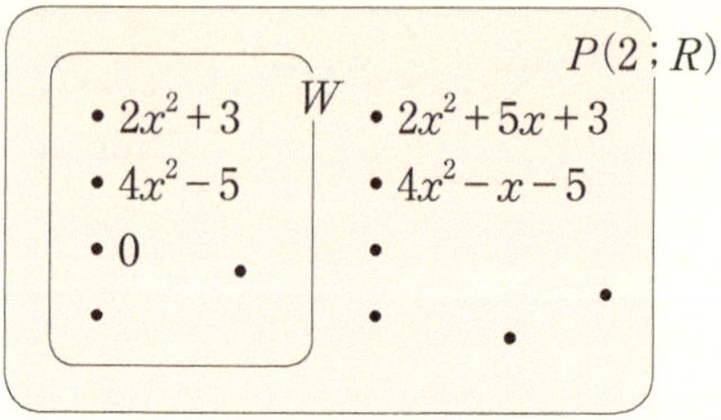

この集合 W は，加法·スカラー乗法という二つの演算を考えるかぎりでは，自給自足できる一つのまとまった社会を作っている．この事実を

W は，加法とスカラー乗法について**閉じている**

ということがある．

このように，ベクトル空間 V の空集合でない部分集合 W が，

V と同じ加法とスカラー乗法によりベクトル空間になっている

とき，W を V の**部分空間**というのである．

また，次のように定義することもできる：

ベクトル空間 V の空集合でない部分集合 W が，次の条件を同時に満たすとき，W を V の**部分空間**という：

(1)　$\boldsymbol{a},\ \boldsymbol{b}\in W \implies \boldsymbol{a}+\boldsymbol{b}\in W$

(2)　$\boldsymbol{a}\in W,\ s$：スカラー $\implies s\boldsymbol{a}\in W$

部分空間

▶**注**　(1)，(2) を，一つにまとめることもできる：

$$\boldsymbol{a},\ \boldsymbol{b}\in W,\ s,\ t\text{：スカラー} \implies s\boldsymbol{a}+t\boldsymbol{b}\in W$$

また，部分空間 W は，それ自身ベクトル空間だから，つねにゼロ元 $\boldsymbol{0}$ を含んでいることを注意しておこう.

◀ 条件(2) で，$s=0$ の場合

例　数ベクトル空間 $\boldsymbol{R}^n$ において，1次同次方程式

$$A\boldsymbol{x}=\boldsymbol{0}$$

◀ A は $(m,\ n)$ 行列

の解の全体

$$W=\{\boldsymbol{x}\,|\,A\boldsymbol{x}=\boldsymbol{0}\}$$

は，$\boldsymbol{R}^n$ の部分空間である．この W を $A\boldsymbol{x}=\boldsymbol{0}$ の**解空間**という.

証明　$\boldsymbol{a},\ \boldsymbol{b}$ が，ともに，$A\boldsymbol{x}=\boldsymbol{0}$ の解とすれば,

$$A\boldsymbol{a}=\boldsymbol{0},\quad A\boldsymbol{b}=\boldsymbol{0}$$

このとき,

$$A(\boldsymbol{a}+\boldsymbol{b})=A\boldsymbol{a}+A\boldsymbol{b}=\boldsymbol{0}+\boldsymbol{0}=\boldsymbol{0}$$

$$A(s\boldsymbol{a})=sA\boldsymbol{a}=s\boldsymbol{0}=\boldsymbol{0}$$

よって，$\boldsymbol{a}+\boldsymbol{b}$ および $s\boldsymbol{a}$ は，$A\boldsymbol{x}=\boldsymbol{0}$ の解になっている：

$$\boldsymbol{a},\ \boldsymbol{b}\in W,\quad s\text{：スカラー} \implies \boldsymbol{a}+\boldsymbol{b},\quad s\boldsymbol{a}\in W$$

が示されたので，W は $\boldsymbol{R}^n$ の部分空間である.

たとえば,

$$A=\begin{bmatrix} 2 & -5 & 3 \\ 3 & 4 & 7 \end{bmatrix}$$

を考えると，次は，$\boldsymbol{R}^3$ の部分空間である：

$$W=\left\{\begin{bmatrix} x \\ y \\ z \end{bmatrix} \middle| \begin{bmatrix} 2 & -5 & 3 \\ 3 & 4 & 7 \end{bmatrix}\begin{bmatrix} x \\ y \\ z \end{bmatrix}=\begin{bmatrix} 0 \\ 0 \end{bmatrix}\right\}$$

$$=\{\boldsymbol{x} \mid 2x-5y+3z=0,\ 3x+4y+7z=0\}$$

▶**注**　非同次方程式 $A\boldsymbol{x}=\boldsymbol{b}\,(\boldsymbol{b}\neq\boldsymbol{0})$ は，$\boldsymbol{x}=\boldsymbol{0}$ を解にもたないので，

$\{\boldsymbol{x} \mid A\boldsymbol{x}=\boldsymbol{b}\}$ は，$\boldsymbol{R}^n$ の部分空間ではない．

例　一般に，V のベクトル $\boldsymbol{a}_1, \boldsymbol{a}_2, \cdots, \boldsymbol{a}_k$（一次独立とはかぎらない）の一次結合の全体を，$L[\boldsymbol{a}_1, \boldsymbol{a}_2, \cdots, \boldsymbol{a}_k]$ などとかく：

$$L[\boldsymbol{a}_1, \boldsymbol{a}_2, \cdots, \boldsymbol{a}_k]=\{s_1\boldsymbol{a}_1+s_2\boldsymbol{a}_2+\cdots+s_k\boldsymbol{a}_k \mid \text{各 } s_i \text{ はスカラー}\}$$

これは，V の部分空間である．

証明　$\boldsymbol{a}_1, \boldsymbol{a}_2, \cdots, \boldsymbol{a}_k$ の一次結合

$$\boldsymbol{x}=s_1\boldsymbol{a}_1+s_2\boldsymbol{a}_2+\cdots+s_k\boldsymbol{a}_k$$

$$\boldsymbol{y}=t_1\boldsymbol{a}_1+t_2\boldsymbol{a}_2+\cdots+t_k\boldsymbol{a}_k$$

の和・スカラー倍は，

$$\boldsymbol{x}+\boldsymbol{y}=(s_1+t_1)\boldsymbol{a}_1+(s_2+t_2)\boldsymbol{a}_2+\cdots+(s_k+t_k)\boldsymbol{a}_k$$

$$r\boldsymbol{x}=(rs_1)\boldsymbol{a}_1+(rs_2)\boldsymbol{a}_2+\cdots+(rs_k)\boldsymbol{a}_k$$

のように，$\boldsymbol{a}_1, \boldsymbol{a}_2, \cdots, \boldsymbol{a}_k$ の一次結合になる．

この部分空間

$$L[\boldsymbol{a}_1, \boldsymbol{a}_2, \cdots, \boldsymbol{a}_k]$$

を，$\boldsymbol{a}_1, \boldsymbol{a}_2, \cdots, \boldsymbol{a}_k$ によって**生成される**（または**張られる**）部分空間といい，$\boldsymbol{a}_1, \boldsymbol{a}_2, \cdots, \boldsymbol{a}_k$ を含む最小の部分空間である．

たとえば，(3 次元)空間ベクトル $\boldsymbol{a}, \boldsymbol{b}$ に対して，$L[\boldsymbol{a}, \boldsymbol{b}]$ は，

$\boldsymbol{a}, \boldsymbol{b}$ を含む平面

を表わす．ただし，$\boldsymbol{a}/\!/\boldsymbol{b}$ ならば，

$\boldsymbol{a}$ を含む直線

を表わすことになる．

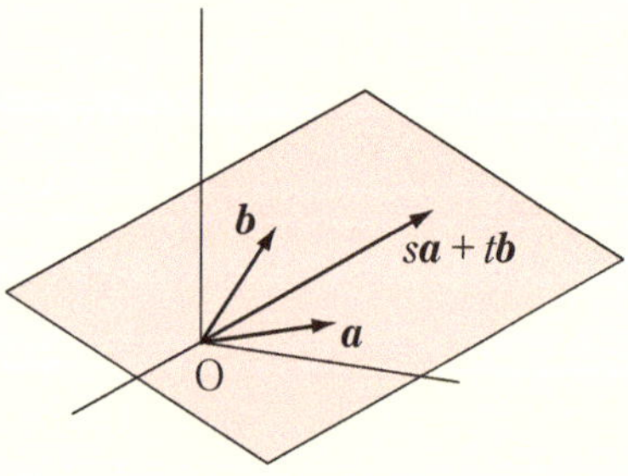

基底・次元

たとえば，図のような平行でない二本の平面ベクトル $\boldsymbol{a}$, $\boldsymbol{b}$ があるとき，この平面上のどんなベクトル $\boldsymbol{x}$ も，この $\boldsymbol{a}$, $\boldsymbol{b}$ の一次結合として，

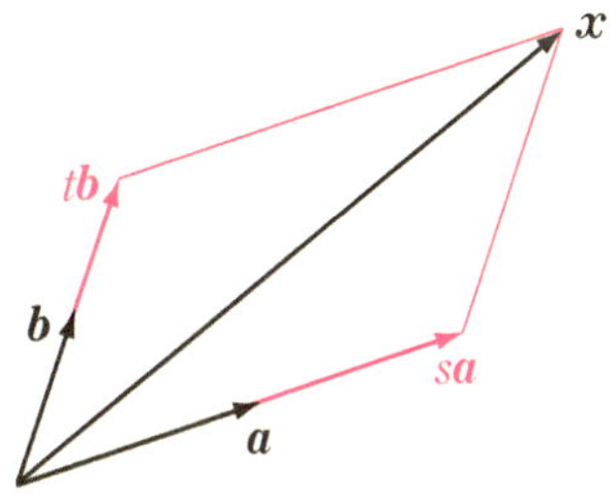

$$\boldsymbol{x} = s\boldsymbol{a} + t\boldsymbol{b}$$

のように**一意的**に表わすことができる．このようなベクトル $\boldsymbol{a}$, $\boldsymbol{b}$ を“基底”という．一般に，

> 一般のベクトル空間 V で，次の (1), (2) を同時に満たすベクトルの列 $\boldsymbol{a}_1, \boldsymbol{a}_2, \cdots, \boldsymbol{a}_n$ を，V の**基底**(きてい)という：
>
> (1)　$\boldsymbol{a}_1, \boldsymbol{a}_2, \cdots, \boldsymbol{a}_n$ は，**一次独立**.
>
> (2)　$\boldsymbol{a}_1, \boldsymbol{a}_2, \cdots, \boldsymbol{a}_n$ は，V の**生成系**(せいせいけい).

基　底

V のどんなベクトル $\boldsymbol{x}$ も，$\boldsymbol{a}_1, \boldsymbol{a}_2, \cdots, \boldsymbol{a}_n$ の一次結合として表わされるとき，$\boldsymbol{a}_1, \boldsymbol{a}_2, \cdots, \boldsymbol{a}_n$ を，V の**生成系**という．その表わし方の“一意性”は，条件 (1) の**一次独立性**による．

実際，V のベクトル $\boldsymbol{x}$ が，$\boldsymbol{a}_1, \boldsymbol{a}_2, \cdots, \boldsymbol{a}_n$ の一次結合として，

$$\boldsymbol{x} = s_1\boldsymbol{a}_1 + s_2\boldsymbol{a}_2 + \cdots + s_n\boldsymbol{a}_n \quad \cdots\cdots\cdots \quad ①$$

$$\boldsymbol{x} = t_1\boldsymbol{a}_1 + t_2\boldsymbol{a}_2 + \cdots + t_n\boldsymbol{a}_n \quad \cdots\cdots\cdots \quad ②$$

のように，二通りにかけたとしよう．

このとき，①－②より，

$$\boldsymbol{0} = (s_1 - t_1)\boldsymbol{a}_1 + (s_2 - t_2)\boldsymbol{a}_2 + \cdots + (s_n - t_n)\boldsymbol{a}_n$$

ところで，$\boldsymbol{a}_1, \boldsymbol{a}_2, \cdots, \boldsymbol{a}_n$ は，一次独立だから，

$$s_1 - t_1 = 0, \quad s_2 - t_2 = 0, \quad \cdots, \quad s_n - t_n = 0$$

$$\therefore \quad s_1 = t_1, \quad s_2 = t_2, \quad \cdots, \quad s_n = t_n$$

▶注　基底は，ベクトルの“列”で，**順序**まで問題にする．

たとえば，$\boldsymbol{a}_1$, $\boldsymbol{a}_2$, $\boldsymbol{a}_3$ と $\boldsymbol{a}_2$, $\boldsymbol{a}_1$, $\boldsymbol{a}_3$ とは異なる基底と考えるわけである．そこで，$\langle \boldsymbol{a}_1, \boldsymbol{a}_2, \boldsymbol{a}_3 \rangle$ のようにカッコをつけることもある．

例　2次元数ベクトル空間 $\boldsymbol{R}^2$ で，次は，基底である．

$$\boldsymbol{a}_1 = \begin{bmatrix} 2 \\ 3 \end{bmatrix}, \quad \boldsymbol{a}_2 = \begin{bmatrix} 3 \\ 4 \end{bmatrix}$$

証明　$\boldsymbol{R}^2$ の任意の $\boldsymbol{x} = \begin{bmatrix} x_1 \\ x_2 \end{bmatrix}$ に対して，

$$\boldsymbol{x} = s_1 \boldsymbol{a}_1 + s_2 \boldsymbol{a}_2$$

となる実数 s_1, s_2 が存在することを示す．

$$\begin{bmatrix} x_1 \\ x_2 \end{bmatrix} = s_1 \begin{bmatrix} 2 \\ 3 \end{bmatrix} = s_2 \begin{bmatrix} 3 \\ 4 \end{bmatrix} \qquad \therefore \begin{cases} 2s_1 + 3s_2 = x_1 \\ 3s_1 + 4s_2 = x_2 \end{cases}$$

$$\therefore \quad s_1 = -4x_1 + 3x_2, \quad s_2 = 3x_1 - 2x_2$$

◀ s_1, s_2 について解く

また，$\boldsymbol{x} = 0$ $(x_1 = 0,\ x_2 = 0)$ のとき，$s_1 = 0$, $s_2 = 0$．これから，$\boldsymbol{a}_1$, $\boldsymbol{a}_2$ の一次独立性が得られる．いいね．

例　3次元数ベクトル空間 $\boldsymbol{R}^3$ で，次は，基底ではない：

$$\boldsymbol{a}_1 = \begin{bmatrix} 1 \\ 2 \\ 3 \end{bmatrix}, \quad \boldsymbol{a}_2 = \begin{bmatrix} 1 \\ 3 \\ 2 \end{bmatrix}$$

証明　$\boldsymbol{a}_1$, $\boldsymbol{a}_2$ が生成系でないことを示す．いま，**たとえば**，

$$\boldsymbol{x} = \begin{bmatrix} 0 \\ 0 \\ 1 \end{bmatrix}$$

が，$\boldsymbol{a}_1$, $\boldsymbol{a}_2$ の一次結合としてかけたとすると，

$$\begin{bmatrix} 0 \\ 0 \\ 3 \end{bmatrix} = s_1 \begin{bmatrix} 1 \\ 2 \\ 3 \end{bmatrix} + s_2 \begin{bmatrix} 1 \\ 3 \\ 2 \end{bmatrix} \qquad \therefore \begin{cases} s_1 + s_2 = 0 & \cdots \text{①} \\ 2s_1 + 3s_2 = 0 & \cdots \text{②} \\ 3s_1 + 2s_2 = 1 & \cdots \text{③} \end{cases}$$

①, ② から, $s_1=0$, $s_2=0$. これらを ③ へ代入して, $0=1$.

これは, 矛盾! $\boldsymbol{a}_1$. $\boldsymbol{a}_2$ は生成系ではない. ◀ 背理法

例 n 次元数ベクトル空間 $\boldsymbol{R}^n$ で, 次を**基本単位ベクトル**という:

$$\boldsymbol{e}_1=\begin{bmatrix}1\\0\\0\\\vdots\\0\end{bmatrix},\quad \boldsymbol{e}_2=\begin{bmatrix}0\\1\\0\\\vdots\\0\end{bmatrix},\cdots,\quad \boldsymbol{e}_n=\begin{bmatrix}0\\0\\\vdots\\0\\1\end{bmatrix}$$

この $\boldsymbol{e}_1$, $\boldsymbol{e}_2$, $\cdots$, $\boldsymbol{e}_n$ は, $\boldsymbol{R}^n$ の一つの基底であるが, とくに, この基底を $\boldsymbol{R}^n$ の**標準基底**という.

例 次は, いずれも, (2, 2)型実行列全体の作るベクトル空間 $M(2,\ 2\,;\boldsymbol{R})$ の基底である.

(1) $\begin{bmatrix}1&0\\0&0\end{bmatrix}, \begin{bmatrix}0&1\\0&0\end{bmatrix}, \begin{bmatrix}0&0\\1&0\end{bmatrix}, \begin{bmatrix}0&0\\0&1\end{bmatrix}$

(2) $\begin{bmatrix}1&0\\0&0\end{bmatrix}, \begin{bmatrix}1&1\\0&0\end{bmatrix}, \begin{bmatrix}1&1\\1&0\end{bmatrix}, \begin{bmatrix}1&1\\1&1\end{bmatrix}$

例 次は, いずれも, x の(高々)2 次式全体の作るベクトル空間 $P(2\,;\boldsymbol{R})$ の基底である.

(1) $1,\ x,\ x^2$

(2) $1,\ x-1,\ (x-1)^2$

ところが, とくに**次数を制限しない** x の実係数多項式の作るベクトル空間 $P(\boldsymbol{R})$ には, いくらでも長い一次独立なベクトルの列がある.

たとえば, どんな n についても,

$$1,\ x,\ x^2,\ \cdots,\ x^n$$

は, 一次独立である. ベクトル空間 $P(\boldsymbol{R})$ は, 有限個のベクトルから成る基底をもたないのだ. そこで, ベクトル空間 V について,

有限個のベクトルから成る基底を有するとき, **有限次元**

有限個のベクトルから成る基底を有せぬとき, **無限次元**

であるという.

有限次元の場合，ベクトル空間 V の基底は，いろいろ（じつは無数に）あるが，どの基底も**同一個数**のベクトルから成る．この同一個数を，ベクトル空間 V の**次元**とよび，

$$\dim V$$

◀ dimension

とかく．基底が同一個数のベクトルから成ることは，次の大切な性質から明らかである：

> k 個のベクトルの一次結合を $k+1$ 個(以上)とると，それらは一次従属になってしまう.

次元の一意性

証明　簡単のため，$k=2$ の場合を記すことにする.

いま，2 個のベクトル $\boldsymbol{x}_1$, $\boldsymbol{x}_2$ の一次結合を 3 個とる：

$$\boldsymbol{y}_1 = a_1\boldsymbol{x}_1 + b_1\boldsymbol{x}_2 \quad \cdots\cdots\cdots\cdots ①$$

$$\boldsymbol{y}_2 = a_2\boldsymbol{x}_1 + b_2\boldsymbol{x}_2 \quad \cdots\cdots\cdots\cdots ②$$

$$\boldsymbol{y}_3 = a_3\boldsymbol{x}_1 + b_3\boldsymbol{x}_2 \quad \cdots\cdots\cdots\cdots ③$$

ところで，3 本の 2 次元ベクトル

$\begin{bmatrix} a_1 \\ b_1 \end{bmatrix}$, $\begin{bmatrix} a_2 \\ b_2 \end{bmatrix}$, $\begin{bmatrix} a_3 \\ b_3 \end{bmatrix}$ は，つねに一次従属

◀ ここがポイント p. 48

であるから，

$$s_1\begin{bmatrix} a_1 \\ b_1 \end{bmatrix} + s_2\begin{bmatrix} a_2 \\ b_2 \end{bmatrix} + s_3\begin{bmatrix} a_3 \\ b_3 \end{bmatrix} = \begin{bmatrix} 0 \\ 0 \end{bmatrix}$$

となる s_1, s_2, s_3 が存在する．ただし，$(s_1, s_2, s_3) \neq (0, 0, 0)$.

$$\therefore \quad \begin{cases} s_1a_1 + s_2a_2 + s_3a_3 = 0 \\ s_1b_1 + s_2b_2 + s_3b_3 = 0 \end{cases}$$

このとき，①×s_1＋②×s_2＋③×s_3 を作ると，

$$\begin{aligned} s_1\boldsymbol{y}_1 + s_2\boldsymbol{y}_2 + s_3\boldsymbol{y}_3 &= (s_1a_1 + s_2a_2 + s_3a_3)\boldsymbol{x}_1 + (s_1b_1 + s_2b_2 + s_3b_3)\boldsymbol{x}_2 \\ &= 0\boldsymbol{x}_1 + 0\boldsymbol{x}_2 = \boldsymbol{0} \end{aligned}$$

けっきょく，V の次元 $\dim V$ っていうのは，

　　　V の内に一次独立なベクトルが入(はい)れる最大個数

のことで，ベクトル空間 V の"大きさ"を表わす指標なのだ．

R^4 は R^3 より大きいのね．

$P(R)$ と $P(n;R)$ とは，スケールが違うんだ．

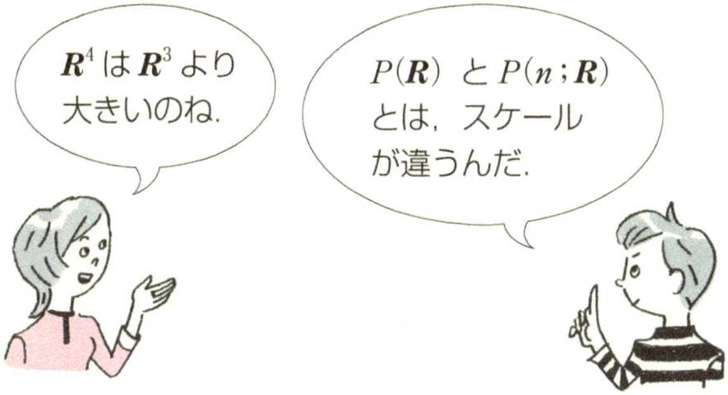

◀ $\dim P(R) = +\infty$

ベクトルの成分

$a_1, a_2, \cdots, a_n$ を，n 次元ベクトル空間 V の基底とするとき，V のベクトル x は，**ただ一通りに**，

$$x = x_1 a_1 + x_2 a_2 + \cdots + x_n a_n$$

とかける．このとき，

　　　　　　$(x_1, x_2, \cdots, x_n)$　　　　◀ または，$\begin{bmatrix} x_1 \\ \vdots \\ x_n \end{bmatrix}$

を，基底 $a_1, a_2, \cdots, a_n$ に関する x の**成分**という．

任意の n 次元ベクトル空間 V は，基底を一つ定めると，R^n と**同一視**することができる：

$$n \text{次元ベクトル空間} + \text{基底} = n \text{次元数ベクトル空間}$$

$ax^2 + bx + c$

$\begin{bmatrix} a & b \\ 0 & c \end{bmatrix}$

$\begin{bmatrix} a \\ b \\ c \end{bmatrix}$

代　表

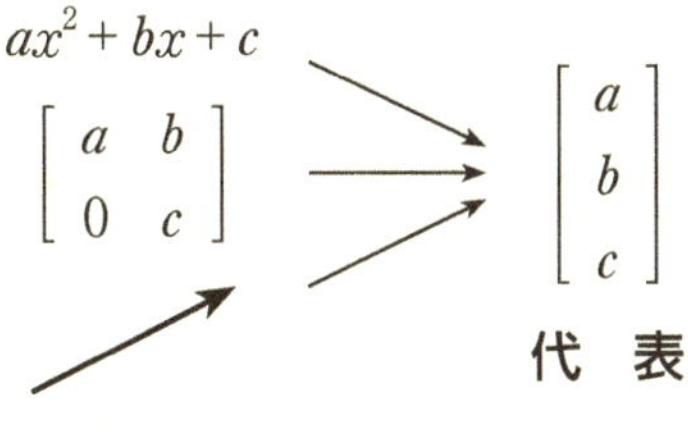

例題 10.1　一次独立・一次従属

3 次元数ベクトル空間 $\boldsymbol{R}^3$ において，次の $\boldsymbol{a}_1$, $\boldsymbol{a}_2$, $\boldsymbol{a}_3$ は，一次独立か，一次従属か.

一次従属ならば，$\boldsymbol{a}_3$ を $\boldsymbol{a}_1$, $\boldsymbol{a}_2$ の一次結合として表わせ.

$$\boldsymbol{a}_1=\begin{bmatrix}1\\-2\\3\end{bmatrix},\quad \boldsymbol{a}_2=\begin{bmatrix}-2\\5\\-7\end{bmatrix},\quad \boldsymbol{a}_3=\begin{bmatrix}-1\\5\\-6\end{bmatrix}$$

一次独立・一次従属の**定義に基づいて**解いてみよう.

次の Point から出発する.

Point

$$s_1\boldsymbol{a}_1+s_2\boldsymbol{a}_2+s_3\boldsymbol{a}_3=\boldsymbol{0}$$

となるのが，

$s_1=s_2=s_3=0$　以外にはない　$\Longleftrightarrow$　$\boldsymbol{a}_1$, $\boldsymbol{a}_2$, $\boldsymbol{a}_3$：一次独立

$s_1=s_2=s_3=0$　以外にもある　$\Longleftrightarrow$　$\boldsymbol{a}_1$, $\boldsymbol{a}_2$, $\boldsymbol{a}_3$：一次従属

[解答]

$$s_1\boldsymbol{a}_1+s_2\boldsymbol{a}_2+s_3\boldsymbol{a}_3=\boldsymbol{0} \quad \cdots\cdots\cdots\cdots \text{Ⓐ}$$

とおく：

$$s_1\begin{bmatrix}1\\-2\\3\end{bmatrix}+s_2\begin{bmatrix}-2\\5\\-7\end{bmatrix}+s_3\begin{bmatrix}-1\\5\\-6\end{bmatrix}=\begin{bmatrix}0\\0\\0\end{bmatrix}$$

ゆえに，

$$\begin{cases} s_1-2s_2-\ \ s_3=0\\ -2s_1+5s_2+5s_3=0\\ 3s_1-7s_2-6s_3=0\end{cases} \quad \cdots\cdots\cdots\cdots \text{Ⓑ}$$

s_1	s_2	s_3	行基本変形	行
1	−2	−1		①
−2	5	5		②
3	−7	−6		③
1	−2	−1	①	①′
0	1	3	②+①×2	②′
0	−1	−3	③+①×(−3)	③′
1	0	5	①′+②′×2	①″
0	1	3	②′	②″
0	0	0	③′+②′×1	③″

ゆえに，s_1, s_2, s_3 の連立方程式 Ⓑ は，次と同値：

$$\begin{cases} s_1 \quad + 5s_3 = 0 \\ \quad s_2 + 3s_3 = 0 \end{cases} \qquad \therefore \quad \begin{cases} s_1 = -5s_3 \\ s_2 = -3s_3 \end{cases}$$

これは，たとえば，$(s_1, s_2, s_3) = (5, 3, -1) \neq (0, 0, 0)$ なる解をもつので，$\boldsymbol{a}_1$, $\boldsymbol{a}_2$, $\boldsymbol{a}_3$ は，一次従属．このとき，Ⓐ は，

$$5\boldsymbol{a}_1 + 3\boldsymbol{a}_2 - \boldsymbol{a}_3 = \boldsymbol{0} \qquad \therefore \quad \boldsymbol{a}_3 = 5\boldsymbol{a}_1 + 3\boldsymbol{a}_2$$

演習問題 10.1

3 次元数ベクトル空間 $\boldsymbol{R}^3$ において，次の $\boldsymbol{a}_1$, $\boldsymbol{a}_2$, $\boldsymbol{a}_3$ は，一次独立か，一次従属か．

一次従属ならば，$\boldsymbol{a}_3$ を $\boldsymbol{a}_1$, $\boldsymbol{a}_2$ の一次結合として表わせ．

$$\boldsymbol{a}_1 = \begin{bmatrix} 2 \\ 3 \\ 2 \end{bmatrix}, \quad \boldsymbol{a}_2 = \begin{bmatrix} 5 \\ 7 \\ 4 \end{bmatrix}, \quad \boldsymbol{a}_3 = \begin{bmatrix} 7 \\ 9 \\ 4 \end{bmatrix}$$

例題 10.2　部分空間の基底

$$\boldsymbol{a}_1=\begin{bmatrix}1\\4\\3\end{bmatrix},\quad \boldsymbol{a}_2=\begin{bmatrix}2\\7\\5\end{bmatrix},\quad \boldsymbol{a}_3=\begin{bmatrix}3\\8\\5\end{bmatrix}$$

によって生成される $\boldsymbol{R}^3$ の部分空間

$$W=L[\boldsymbol{a}_1,\ \boldsymbol{a}_2,\ \boldsymbol{a}_3]$$

の一組の基底を，$\boldsymbol{a}_1$, $\boldsymbol{a}_2$, $\boldsymbol{a}_3$ から選び出せ．

$\boldsymbol{a}_1$, $\boldsymbol{a}_2$, $\boldsymbol{a}_3$ で生成される部分空間とは，これらの**一次結合**の全体

$$\{s_1\boldsymbol{a}_1+s_2\boldsymbol{a}_2+s_3\boldsymbol{a}_3 \mid s_1,\ s_2,\ s_3 : \text{実数}\}$$

のことで，$L[\boldsymbol{a}_1,\ \boldsymbol{a}_2,\ \boldsymbol{a}_3]$ などとかく．

◀ L は Linear combination

● $\boldsymbol{a}_1$, $\boldsymbol{a}_2$, $\boldsymbol{a}_3$ が一次独立のとき：$\boldsymbol{a}_1$, $\boldsymbol{a}_2$, $\boldsymbol{a}_3$ が，W の基底．

● $\boldsymbol{a}_1$, $\boldsymbol{a}_2$, $\boldsymbol{a}_3$ が一次従属のとき：

$\boldsymbol{a}_1$, $\boldsymbol{a}_2$ が一次独立で，たとえば，$\boldsymbol{a}_3=t_1\boldsymbol{a}_1+t_2\boldsymbol{a}_2$ ならば，

$$\begin{aligned}s_1\boldsymbol{a}_1+s_2\boldsymbol{a}_2+s_3\boldsymbol{a}_3&=s_1\boldsymbol{a}_1+s_2\boldsymbol{a}_2+s_3(t_1\boldsymbol{a}_1+t_2\boldsymbol{a}_2)\\&=(s_1+s_3t_1)\boldsymbol{a}_1+(s_2+s_3t_2)\boldsymbol{a}_2\end{aligned}$$

だから，$L[\boldsymbol{a}_1,\ \boldsymbol{a}_2,\ \boldsymbol{a}_3]=L[\boldsymbol{a}_1,\ \boldsymbol{a}_2]$ となるので，$\boldsymbol{a}_1$, $\boldsymbol{a}_2$ が，W の基底である．

[解答]

$$s_1\boldsymbol{a}_1+s_2\boldsymbol{a}_2+s_3\boldsymbol{a}_3=\boldsymbol{0}$$

とおくと，

$$s_1\begin{bmatrix}1\\4\\3\end{bmatrix}+s_2\begin{bmatrix}2\\7\\5\end{bmatrix}+s_3\begin{bmatrix}3\\8\\5\end{bmatrix}=\begin{bmatrix}0\\0\\0\end{bmatrix}$$

したがって，

$$\begin{cases}s_1+2s_2+3s_3=0\\4s_1+7s_2+8s_3=0\\3s_1+5s_2+5s_3=0\end{cases}\qquad (*)$$

s_1	s_2	s_3	基本変形	行
1	2	3		①
4	7	8		②
3	5	5		③
1	2	3	①	①′
0	−1	−4	②+①×(−4)	②′
0	−1	−4	③+①×(−3)	③′
1	0	−5	①′+②′×2	①″
0	1	4	②′×(−1)	②″
0	0	0	③′+②′×(−1)	③″

したがって，連立1次同次方程式(∗)は，次と同値：

$$\begin{cases} s_1 \quad -5s_3=0 \\ \quad s_2+4s_3=0 \end{cases} \quad \therefore \quad \begin{cases} s_1= \quad 5s_3 \\ s_2=-4s_3 \end{cases}$$

(∗) は，非自明解 $(s_1,\ s_2,\ s_3)=(5,\ -4,\ 1)$ をもつ.

$$5\boldsymbol{a}_1-4\boldsymbol{a}_2+\boldsymbol{a}_3=\boldsymbol{0}$$

$\boldsymbol{a}_1, \boldsymbol{a}_2, \boldsymbol{a}_3$ は，一次従属，また，$\boldsymbol{a}_1, \boldsymbol{a}_2$ は，一次独立だから，求める W の基底の一組は，$\boldsymbol{a}_1, \boldsymbol{a}_2$,

▶**注** $\boldsymbol{a}_2, \boldsymbol{a}_3$ も，$\boldsymbol{a}_1, \boldsymbol{a}_3$ も基底である.

演習問題 10.2

$$\boldsymbol{a}_1=\begin{bmatrix}1\\2\\4\end{bmatrix},\quad \boldsymbol{a}_2=\begin{bmatrix}2\\3\\7\end{bmatrix},\quad \boldsymbol{a}_3=\begin{bmatrix}3\\1\\7\end{bmatrix}$$

によって生成される $\boldsymbol{R}^3$ の部分空間

$$W=L[\boldsymbol{a}_1,\ \boldsymbol{a}_2,\ \boldsymbol{a}_3]$$

の一組の基底を，$\boldsymbol{a}_1, \boldsymbol{a}_2, \boldsymbol{a}_3$ から選び出せ.

例題 10.3　部分空間の生成元

3 次元ベクトル空間 $\boldsymbol{R}^3$ において

$$\boldsymbol{a}_1=\begin{bmatrix}1\\2\\3\end{bmatrix},\quad \boldsymbol{a}_2=\begin{bmatrix}2\\5\\7\end{bmatrix},\quad \boldsymbol{b}_1=\begin{bmatrix}1\\3\\4\end{bmatrix},\quad \boldsymbol{b}_2=\begin{bmatrix}2\\7\\9\end{bmatrix}$$

を考える．$\boldsymbol{a}_1$, $\boldsymbol{a}_2$ および $\boldsymbol{b}_1$, $\boldsymbol{b}_2$ の生成する部分空間を，

$$W_a=L[\boldsymbol{a}_1,\ \boldsymbol{a}_2],\quad W_b=L[\boldsymbol{b}_1,\ \boldsymbol{b}_2]$$

とするとき，$W_a=W_b$ であることを示せ．

まず，$L[\boldsymbol{a}_1,\ \boldsymbol{a}_2]$，$L[\boldsymbol{b}_1,\ \boldsymbol{b}_2]$ の意味を思い出そう．

$W_a=L[\boldsymbol{a}_1,\ \boldsymbol{a}_2]$　…　$\boldsymbol{a}_1$, $\boldsymbol{a}_2$ の一次結合の全体

$W_b=L[\boldsymbol{b}_1,\ \boldsymbol{b}_2]$　…　$\boldsymbol{b}_1$, $\boldsymbol{b}_2$ の一次結合の全体

さらに，

$W_a=W_b \iff W_a\subseteq W_b$　かつ　$W_b\subseteq W_a$

◀ この両方を示せばよい

そこで，

$W_a\subseteq W_b \iff \boldsymbol{a}_1$, $\boldsymbol{a}_2$ の一次結合は W_b に属する

$\iff \boldsymbol{a}_1$ も $\boldsymbol{a}_2$ も，W_b に属する

$\iff \boldsymbol{a}_1$ も $\boldsymbol{a}_2$ も，$\boldsymbol{b}_1$, $\boldsymbol{b}_2$ の一次結合

同様に，

$W_b\subseteq W_a \iff \boldsymbol{b}_1$ も $\boldsymbol{b}_2$ も，$\boldsymbol{a}_1$, $\boldsymbol{a}_2$ の一次結合

これらの事実を用いる．

[解答]　(1)　$W_b\subseteq W_a$ の証明：

二つの 1 次方程式

$$x_1\boldsymbol{a}_1+x_2\boldsymbol{a}_2=\boldsymbol{b}_1,\ \boldsymbol{b}_2$$

$$\therefore\quad x_1\begin{bmatrix}1\\2\\3\end{bmatrix}+x_2\begin{bmatrix}2\\5\\7\end{bmatrix}=\begin{bmatrix}1\\3\\4\end{bmatrix},\ \begin{bmatrix}2\\7\\9\end{bmatrix}$$

を解くことによって，$\boldsymbol{b}_1$ と $\boldsymbol{b}_2$ を $\boldsymbol{a}_1$, $\boldsymbol{a}_2$ の一次結合で表わす．

$\boldsymbol{a}_1$	$\boldsymbol{a}_2$	$\boldsymbol{b}_1$	$\boldsymbol{b}_2$	行基本変形	行
1	2	1	2		①
2	5	3	7		②
3	7	4	9		③
1	2	1	2	①	①′
0	1	1	3	②+①×(−2)	②′
0	1	1	3	③+①×(−3)	③′
1	0	−1	−4	①′+②′×(−2)	①″
0	1	1	3	②′	②″
0	0	0	0	③′+②′×(−1)	③″

この表から，

$\boldsymbol{b}_1 = -\ \boldsymbol{a}_1 + \ \boldsymbol{a}_2$ … ①

$\boldsymbol{b}_2 = -4\boldsymbol{a}_1 + 3\boldsymbol{a}_2$ … ②

よって，$W_b \subseteq W_a$.

(2) $W_a \subseteq W_b$ の証明：

①，②から，

$$\boldsymbol{a}_1 = 3\boldsymbol{b}_1 - \boldsymbol{b}_2$$

$$\boldsymbol{a}_2 = 4\boldsymbol{b}_1 - \boldsymbol{b}_2$$

連立 1 次方程式解法の原理

行基本変形だけで，

$$[\boldsymbol{a}_1\ \boldsymbol{a}_2\ \boldsymbol{b}] \to \begin{bmatrix} 1 & 0 & s_1 \\ 0 & 1 & s_2 \end{bmatrix}$$

となれば，

$$\boldsymbol{b} = s_1\boldsymbol{a}_1 + s_2\boldsymbol{a}_2$$

演習問題 10.3

3 次元ベクトル空間 $\boldsymbol{R}^3$ において，

$$\boldsymbol{a}_1 = \begin{bmatrix} 1 \\ 4 \\ 3 \end{bmatrix},\quad \boldsymbol{a}_2 = \begin{bmatrix} 2 \\ 9 \\ 7 \end{bmatrix},\quad \boldsymbol{b}_1 = \begin{bmatrix} 1 \\ 1 \\ 0 \end{bmatrix},\quad \boldsymbol{b}_2 = \begin{bmatrix} 1 \\ 2 \\ 1 \end{bmatrix}$$

を考える．このとき，$L[\boldsymbol{a}_1, \boldsymbol{a}_2] = L[\boldsymbol{b}_1, \boldsymbol{b}_2]$ を示せ．

§11 線形写像

ベクトル世界での正比例関数

線形写像

二つの商品を買えば，その代金は，各商品の代金の和になり，同一商品を，2個・3個・…　買えば，代金は，2倍・3倍・…　になる.

このような比例関係を“線形性”という.

ここでは，ベクトル世界での線形性を扱う.

◀ 中学では，$y=ax$

ベクトル空間 V, W に対して，次の **1°**，**2°** を同時に満たす写像 $F: V\to W$ を，**線形写像**という：

1°　$F(\boldsymbol{a}+\boldsymbol{b})=F(\boldsymbol{a})+F(\boldsymbol{b})$

2°　$F(s\boldsymbol{a})=sF(\boldsymbol{a})$

とくに，V から V 自身への線形写像を**線形変換**ということがある.

線形写像

▶**注**　条件 **2°** で，$s=0$ とおけば，

$F(\mathbf{0})=\mathbf{0}$　（ゼロ元はゼロ元に写される）

◀ $0\boldsymbol{a}=\mathbf{0}$

したがって，たとえば，

$$F: \boldsymbol{R}^2\to\boldsymbol{R}^2,\quad F\left(\begin{bmatrix} x_1 \\ x_2 \end{bmatrix}\right)=\begin{bmatrix} x_1+1 \\ x_2+2 \end{bmatrix}$$

は，$F(\mathbf{0})=\mathbf{0}$ を満たさないから，線形写像ではない：

$$F\left(\begin{bmatrix} 0 \\ 0 \end{bmatrix}\right)=\begin{bmatrix} 0+1 \\ 0+2 \end{bmatrix}=\begin{bmatrix} 1 \\ 2 \end{bmatrix}\neq\begin{bmatrix} 0 \\ 0 \end{bmatrix}$$

それでは，線形写像の例を挙げておこう.

例　$F: \boldsymbol{R}^n \to \boldsymbol{R}^m$, $F(\boldsymbol{x}) = A\boldsymbol{x}$　ただし，A は (m, n)型行列．

この F が，線形写像の条件 **1°**, **2°** を満たすことは，すぐ分かる：

$$F(\boldsymbol{a}+\boldsymbol{b}) = A(\boldsymbol{a}+\boldsymbol{b}) = A\boldsymbol{a}+A\boldsymbol{b} = F(\boldsymbol{a})+F(\boldsymbol{b})$$

◀ 右辺は行列とベクトルの積

$$F(s\boldsymbol{a}) = A(s\boldsymbol{a}) = sA\boldsymbol{a} = sF(\boldsymbol{a})$$

たとえば，次は，いずれも線形写像である：

$$F: \boldsymbol{R}^2 \to \boldsymbol{R}^2,\quad F\left(\begin{bmatrix} x \\ y \end{bmatrix}\right) = \begin{bmatrix} 2 & 3 \\ 5 & 4 \end{bmatrix}\begin{bmatrix} x \\ y \end{bmatrix} = \begin{bmatrix} 2x+2y \\ 5x+4y \end{bmatrix}$$

$$F: \boldsymbol{R}^3 \to \boldsymbol{R}^2,\quad F\left(\begin{bmatrix} x \\ y \\ z \end{bmatrix}\right) = \begin{bmatrix} 1 & 0 & 0 \\ 0 & 1 & 0 \end{bmatrix}\begin{bmatrix} x \\ y \\ z \end{bmatrix} = \begin{bmatrix} x \\ y \end{bmatrix}$$

例　x の実係数多項式全体の作るベクトル空間を $P(\boldsymbol{R})$ とかくのだったね．

$$F: P(\boldsymbol{R}) \to P(\boldsymbol{R}),\quad F(f(x)) = f'(x)$$

◀ 導関数

この F が条件 **1°**, **2°** を満たすことは，ほぼ自明：

$$F(f(x)+g(x)) = (f(x)+g(x))' = f'(x)+g'(x) = F(f(x))+F(g(x))$$

◀ 和の微分法

$$F(af(x)) = (af(x))' = af'(x) = aF(x)$$

次に，最初の例の逆に相当する次の大切な事実を証明しよう：

> 線形写像 $F: \boldsymbol{R}^n \to \boldsymbol{R}^m$ は，正比例関数
>
> $$F(\boldsymbol{x}) = A\boldsymbol{x}$$
>
> にかぎる．ただし，A は (m, n)型行列．

線形写像は正比例関数

証明　理屈は同じだから，$F: \boldsymbol{R}^2 \to \boldsymbol{R}^2$ の場合を記す．

$$\boldsymbol{x} = \begin{bmatrix} x_1 \\ x_2 \end{bmatrix} = x_1\begin{bmatrix} 1 \\ 0 \end{bmatrix} + x_2\begin{bmatrix} 0 \\ 1 \end{bmatrix} = x_1\boldsymbol{e}_1 + x_2\boldsymbol{e}_2$$

であるから,

$$F(\boldsymbol{x}) = F(x_1\boldsymbol{e}_1 + x_2\boldsymbol{e}_2) = F(x_1\boldsymbol{e}_1) + F(x_2\boldsymbol{e}_2)$$
$$= x_1F(\boldsymbol{e}_1) + x_2F(\boldsymbol{e}_2)^{\bigstar}$$

◀ F の線形性を用いた

いま

$$A = \begin{bmatrix} F(\boldsymbol{e}_1) & F(\boldsymbol{e}_2) \end{bmatrix} = \begin{bmatrix} a_{11} & a_{12} \\ a_{21} & a_{22} \end{bmatrix}$$

とおけば, 上の式★は, さらに,

$$= \begin{bmatrix} F(\boldsymbol{e}_1) & F(\boldsymbol{e}_2) \end{bmatrix} \begin{bmatrix} x_1 \\ x_2 \end{bmatrix} = A\boldsymbol{x}$$

と変形され, $F(\boldsymbol{x}) = A\boldsymbol{x}$ が得られた.

表現行列

この正比例関数 $F(\boldsymbol{x}) = A\boldsymbol{x}$ の比例定数に相当する行列 A のことを, 線形写像 $F: \boldsymbol{R}^n \to \boldsymbol{R}^m$ の**表現行列**といい, 次の性質をもつ:

(1) $F: \boldsymbol{R}^n \to \boldsymbol{R}^m$, $G: \boldsymbol{R}^n \to \boldsymbol{R}^m$ が, ともに線形写像で, 表現行列が, それぞれ, A, B ならば, 写像

$$F+G, \quad F-G, \quad sF$$

は, すべて線形写像で, その表現行列は, それぞれ,

$$A+B, \quad A-B, \quad sA$$

(2) $G: \boldsymbol{R}^l \to \boldsymbol{R}^m$, $F: \boldsymbol{R}^m \to \boldsymbol{R}^n$ の表現行列が, それぞれ, B, A ならば, 合成写像 $F \circ G: \boldsymbol{R}^l \to \boldsymbol{R}^n$ も線形写像で, その表現行列は, 積 AB である.

表現行列

証明 (1) $F(\boldsymbol{x}) = F\boldsymbol{x}$, $G(\boldsymbol{x}) = B\boldsymbol{x}$ だから,

◀ 証明は簡単

$(F+G)(\boldsymbol{x}) = F(\boldsymbol{x}) + G(\boldsymbol{x}) = A\boldsymbol{x} + B\boldsymbol{x} = (A+B)\boldsymbol{x}$

$(F-G)(\boldsymbol{x}) = (A-B)\boldsymbol{x}$, $(sF)(\boldsymbol{x}) = sA\boldsymbol{x}$ も同様,

(2) $F(\boldsymbol{x}) = A\boldsymbol{x}$, $G(\boldsymbol{x}) = B\boldsymbol{x}$

であるから,
$$(F \circ G)(\boldsymbol{x}) = F(G(\boldsymbol{x})) = F(B\boldsymbol{x}) = A(B\boldsymbol{x}) = (AB)\boldsymbol{x}$$

やっていることは，次のようである：

写像（働き）という"つかみどころのない"ものを，**行列という"具体的に計算できる"もので代行**しようとすることである．いま，次の大切な事実をつかんだ：

> これが線形代数の発想です．

写像の合成　⟷　行列の乗法

したがって

$G \circ F = F \circ G$　⟷　$AB = BA$

となるが，写像の合成で $G \circ F = F \circ G$ は，一般には成立しないので，行列で，$AB = BA$ が一般には成立しないのは**当然**なのだ．

積の行列式

線形変換 $G(\boldsymbol{x}) = B\boldsymbol{x}$, $F(\boldsymbol{x}) = A\boldsymbol{x}$ を，この順に行えば，
$$(F \circ G)(\boldsymbol{x}) = F(G(\boldsymbol{x})) = A(B\boldsymbol{x}) = (AB)\boldsymbol{x}$$
だから，拡大率を考えると，次の美しい定理が得られる．

積の行列式は行列式の積：$|AB| = |A||B|$

G $|B|$倍　→　F $|A|$倍

$F \circ G$ $|AB|$倍

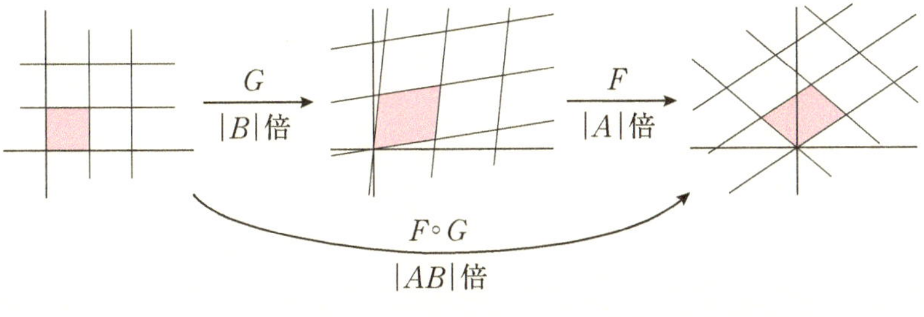

例題 11.1　　線形写像

次の写像 $F : \boldsymbol{R}^2 \to \boldsymbol{R}^2$ は，線形写像か．さらに，同型写像か．ただし，全単射（一対一で上への写像）な線形写像を**同型写像**という．

(1)　$F=\left(\begin{bmatrix} x \\ y \end{bmatrix}\right)=\begin{bmatrix} 2x+3y \\ 5x+7y \end{bmatrix}$

(2)　$F=\left(\begin{bmatrix} x \\ y \end{bmatrix}\right)=\begin{bmatrix} 4x-6y \\ 6x-9y \end{bmatrix}$

(3)　$F=\left(\begin{bmatrix} x \\ y \end{bmatrix}\right)=\begin{bmatrix} xy \\ 0 \end{bmatrix}$

Point

線形写像

1°　$F(\boldsymbol{a}+\boldsymbol{b})=F(\boldsymbol{a})+F(\boldsymbol{b})$

2°　$F(s\boldsymbol{a})=sF(\boldsymbol{a})$

同型写像 … 線形＋全単射

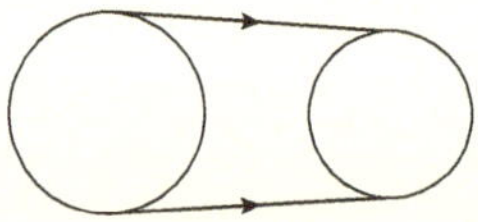
全射

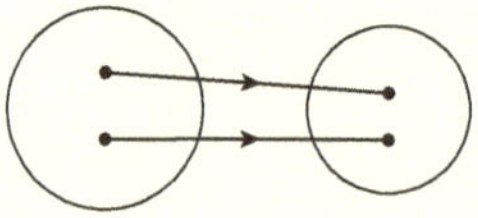
単射

$F : \boldsymbol{R}^n \longrightarrow \boldsymbol{R}^m$ の場合

F：線形写像　$\Longleftrightarrow$　$F(\boldsymbol{x})=A\boldsymbol{x}$，$A$ は (m, n) 型行列

F：同型写像　$\Longleftrightarrow$　$F(\boldsymbol{x})=A\boldsymbol{x}$，$A$ は n 次正則行列

[解答]　上の Point など参照．A：正則 $\Leftrightarrow$ $|A| \neq 0$　を用いる．

(1)　$F\left(\begin{bmatrix} x \\ y \end{bmatrix}\right)=\begin{bmatrix} 2x+3y \\ 5x+7y \end{bmatrix}=\begin{bmatrix} 2 & 3 \\ 5 & 7 \end{bmatrix}\begin{bmatrix} x \\ y \end{bmatrix}$

$|A|=\begin{vmatrix} 2 & 3 \\ 5 & 7 \end{vmatrix}=-1 \neq 0$　だから，$A=\begin{bmatrix} 2 & 3 \\ 5 & 7 \end{bmatrix}$ は正則．

したがって，F は同型写像である．

(2) $F\left(\begin{bmatrix} x \\ y \end{bmatrix}\right)=\begin{bmatrix} 4x-6y \\ 6x-9y \end{bmatrix}=\begin{bmatrix} 4 & -6 \\ 6 & -9 \end{bmatrix}\begin{bmatrix} x \\ y \end{bmatrix}$

$|A|=\begin{vmatrix} 4 & -6 \\ 6 & -9 \end{vmatrix}=0$ だから，$A=\begin{bmatrix} 4 & -6 \\ 6 & -9 \end{bmatrix}$は，正則ではない．

したがって，Fは線形写像であって，同型写像ではない．

(3) $F\left(2\begin{bmatrix} x \\ y \end{bmatrix}\right)=F\left(\begin{bmatrix} 2x \\ 2y \end{bmatrix}\right)=\begin{bmatrix} 2x\cdot 2y \\ 0 \end{bmatrix}=4\begin{bmatrix} xy \\ 0 \end{bmatrix}$

$2F\left(\begin{bmatrix} x \\ y \end{bmatrix}\right)=2\begin{bmatrix} xy \\ 0 \end{bmatrix}$

$\therefore\ F\left(2\begin{bmatrix} x \\ y \end{bmatrix}\right)\neq 2F\left(\begin{bmatrix} x \\ y \end{bmatrix}\right)$

したがって，Fは線形写像ではない．

How to

「…でない」ことの証明

⬇

反例を示せ！

●線形写像が大切な理由

1. 自然科学・社会科学・日常生活に頻繁に現われる．

2. $\boldsymbol{y}=A\boldsymbol{x}$ で，正体も明白．微分法は，一般の関数（写像）を**局所的に線形写像で近似**しようとするもの．

3. 線形写像の Ker（核）として定義されるベクトル空間が多い．

演習問題 11.1

次の写像 $F:\boldsymbol{R}^2 \longrightarrow \boldsymbol{R}^2$ は，線形写像か，さらに，同型写像か．

(1) $F=\left(\begin{bmatrix} x \\ y \end{bmatrix}\right)=\begin{bmatrix} 3x-5y \\ 2x-3y \end{bmatrix}$

(2) $F=\left(\begin{bmatrix} x \\ y \end{bmatrix}\right)=\begin{bmatrix} 3x+9y \\ 2x+6y \end{bmatrix}$

(3) $F=\left(\begin{bmatrix} x \\ y \end{bmatrix}\right)=\begin{bmatrix} x^2 \\ y^2 \end{bmatrix}$

§12 像と核

部分空間の二大横綱

像と核

まず，線形写像 $F: V \to W$ に対して，

$\mathrm{Im}\,F = \{F(\boldsymbol{x}) \mid \boldsymbol{x} \in V\}$ は，W の部分空間 ◀ Image

$\mathrm{Ker}\,F = \{\boldsymbol{x} \mid F(\boldsymbol{x}) = \boldsymbol{0}\}$ は，V の部分空間 ◀ Kernel

であることを確認しておく．

これらは，部分空間の**典型例**なのだ．

○ $F(\boldsymbol{a})$，$F(\boldsymbol{b}) \in \mathrm{Im}\,F$ $(\boldsymbol{a},\ \boldsymbol{b} \in V)$ とすると，

$F(\boldsymbol{a}) + F(\boldsymbol{b}) = F(\boldsymbol{a} + \boldsymbol{b}) \in \mathrm{Im}\,F$ $(\because\ \boldsymbol{a} + \boldsymbol{b} \in V)$

$sF(\boldsymbol{a}) = F(s\boldsymbol{a}) \in \mathrm{Im}\,F$ $(\because\ s\boldsymbol{a} \in V)$

○ $\boldsymbol{a}$，$\boldsymbol{b} \in \mathrm{Ker}\,F$ とすると，$F(\boldsymbol{a}) = \boldsymbol{0}$，$F(\boldsymbol{b}) = \boldsymbol{0}$

$F(\boldsymbol{a} + \boldsymbol{b}) = F(\boldsymbol{a}) + F(\boldsymbol{b}) = 0$ $\therefore\ \boldsymbol{a} + \boldsymbol{b} \in \mathrm{Ker}\,F$

$F(s\boldsymbol{a}) = sF(\boldsymbol{a}) = s\boldsymbol{0} = \boldsymbol{0}$ $\therefore\ s\boldsymbol{a} \in \mathrm{Ker}\,F$

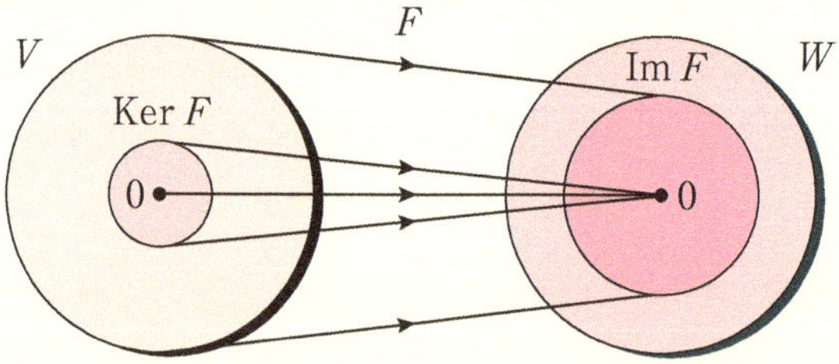

定義をまとめておく：

> 線形写像 $F: V \to W$ に対して，
>
> $\mathrm{Im}\,F = \{F(\boldsymbol{x}) \mid \boldsymbol{x} \in V\}$ を，F の**像**(ぞう)といい，
>
> $\mathrm{Ker}\,F = \{\boldsymbol{x} \mid F(\boldsymbol{x}) = \boldsymbol{0}\}$ を，F の**核**(かく)という．

像・核

線形写像の次元定理

線形写像 $F: \boldsymbol{R}^n \to \boldsymbol{R}^m$ は，正比例関数 $F(\boldsymbol{x}) = A\boldsymbol{x}$

だったね．比例係数 A は，

◀ A は (m, n)型行列

$$A = [F(\boldsymbol{e}_1)\ \ F(\boldsymbol{e}_2)\ \ \cdots\ \ F(\boldsymbol{e}_n)]$$

だった．このとき，

$$F(\boldsymbol{x}) = A\boldsymbol{x} = [F(\boldsymbol{e}_1)\ \ F(\boldsymbol{e}_2)\ \ \cdots\ \ F(\boldsymbol{e}_n)]\begin{bmatrix} x_1 \\ x_2 \\ \vdots \\ x_n \end{bmatrix}$$

$$= x_1F(\boldsymbol{e}_1) + x_2F(\boldsymbol{e}_2) + \cdots + x_nF(\boldsymbol{e}_n)$$

となるから，

$$\begin{aligned} \mathrm{Im}\, F &= \{F(\boldsymbol{x}) \mid \boldsymbol{x} \in \boldsymbol{R}^n\} \\ &= \{x_1F(\boldsymbol{e}_1) + x_2F(\boldsymbol{e}_2) + \cdots + x_nF(\boldsymbol{e}_n) \mid \text{各 } x_i \in \boldsymbol{R}\} \\ &= L[F(\boldsymbol{e}_1),\ F(\boldsymbol{e}_2),\ \cdots,\ F(\boldsymbol{e}_n)] \end{aligned}$$

であることが分かった．

◀ $F(\boldsymbol{e}_1),\ \cdots,\ F(\boldsymbol{e}_n)$ で生成される部分空間

次に，Ker F を考えよう．

$$\mathrm{Ker}\, F = \{\boldsymbol{x} \mid F(\boldsymbol{x}) = \boldsymbol{0}\} = \{\boldsymbol{x} \mid A\boldsymbol{x} = \boldsymbol{0}\}$$

は，1 次同次方程式 $A\boldsymbol{x} = \boldsymbol{0}$ の解空間である．

この解空間の基底を構成するベクトルを，$A\boldsymbol{x} = \boldsymbol{0}$ の**基本解**という．

このとき，

$$\dim(\mathrm{Ker}\, F) = \dim\{\boldsymbol{x} \mid A\boldsymbol{x} = \boldsymbol{0}\} = n - \mathrm{rank}\, A$$

であることを示そう．

簡単のため，

$$F: \boldsymbol{R}^5 \to \boldsymbol{R}^4,\ F(\boldsymbol{x}) = A\boldsymbol{x},\ \mathrm{rank}\, A = 2$$

◀ A は $(4, 5)$行列

の場合を記すことにする．

適当な行基本変形と列の交換だけの組み合わせで，行列 A を次の形にまで変形できる．これは，いいかな．

$$A \longrightarrow \begin{bmatrix} 1 & 0 & c_{13} & c_{14} & c_{15} \\ 0 & 1 & c_{23} & c_{24} & c_{25} \\ 0 & 0 & 0 & 0 & 0 \\ 0 & 0 & 0 & 0 & 0 \end{bmatrix}$$

よって，$A\boldsymbol{x}=\boldsymbol{0}$ は，未知数を適当に入れかえれば，次と同値：

$$\begin{cases} x_1 \qquad + c_{13}x_3 + c_{14}x_4 + c_{15}x_5 = 0 \\ \qquad x_2 + c_{23}x_3 + c_{24}x_4 + c_{25}x_5 = 0 \end{cases}$$

ゆえに，

$$\boldsymbol{x} = \begin{bmatrix} x_1 \\ x_2 \\ x_3 \\ x_4 \\ x_5 \end{bmatrix} = s_1 \begin{bmatrix} -c_{13} \\ -c_{23} \\ 1 \\ 0 \\ 0 \end{bmatrix} + s_2 \begin{bmatrix} -c_{14} \\ -c_{24} \\ 0 \\ 1 \\ 0 \end{bmatrix} + s_3 \begin{bmatrix} -c_{15} \\ -c_{25} \\ 0 \\ 0 \\ 1 \end{bmatrix}$$

したがって，$\dim(\mathrm{Ker}\, F)=3$ だから，確かに，次は成立する：

$$\dim(\mathrm{Ker}\, F) = n - \mathrm{rank}\, A$$

◀ $n=5$

一般に，次の大切な定理が成立する：

$F: V \to W$ が線形写像で，V，W が有限次元ならば，
次が成立する：

$$\dim V = \dim(\mathrm{Ker}\, F) + \dim(\mathrm{Im}\, F)$$

くわしくいえば，次のような V の基底

$$\boldsymbol{b}_1,\ \boldsymbol{b}_2,\ \cdots,\ \boldsymbol{b}_s,\ \boldsymbol{b}_{s+1},\ \cdots,\ \boldsymbol{b}_n$$

が存在する：

(1)　$\boldsymbol{b}_1$，$\boldsymbol{b}_2$，…，$\boldsymbol{b}_s$ は，$\mathrm{Ker}\, F$ の基底．

(2)　$F(\boldsymbol{b}_{s+1})$，…，$F(\boldsymbol{b}_n)$ は，$\mathrm{Im}\, F$ の基底．

線形写像の次元定理

証明　これも，簡単のため，次の場合を記す：

$$F: \boldsymbol{R}^5 \longrightarrow \boldsymbol{R}^4,\quad \dim(\mathrm{Ker}\, F)=3$$

$\boldsymbol{b}_1$, $\boldsymbol{b}_2$, $\boldsymbol{b}_3$ を Ker F の基底とするとき，これに，V の基底たとえば，$\boldsymbol{e}_1$, $\boldsymbol{e}_2$, …, $\boldsymbol{e}_5$ を追加した $\boldsymbol{b}_1$, $\boldsymbol{b}_2$, $\boldsymbol{b}_3$, $\boldsymbol{e}_1$, $\boldsymbol{e}_2$, $\boldsymbol{e}_3$, $\boldsymbol{e}_4$, $\boldsymbol{e}_5$ **の前の方から** 5 個の一次独立なベクトルを採ったものを，

$$\boldsymbol{b}_1,\ \boldsymbol{b}_2,\ \boldsymbol{b}_3,\ \boldsymbol{b}_4,\ \boldsymbol{b}_5$$

とすれば，これは，V の基底(の一つ)になっている．

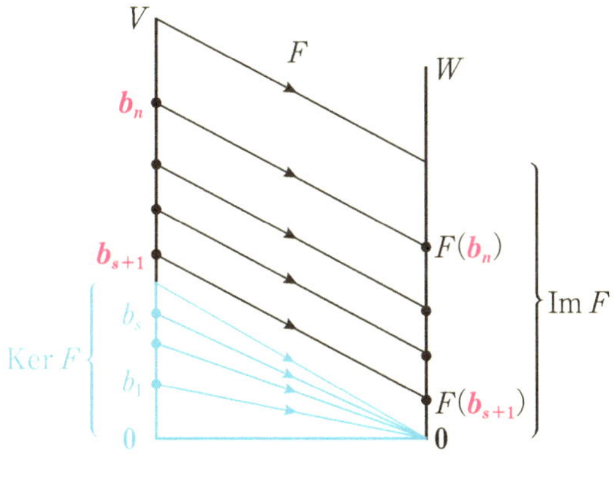

このとき，次を示せばよい：

$$F(\boldsymbol{b}_4),\ F(\boldsymbol{b}_5)\ \text{は，Im}\, F\ \text{の基底}$$

いま，V の任意のベクトル $\boldsymbol{x}$ は，

$$\boldsymbol{x}=t_1\boldsymbol{b}_1+t_2\boldsymbol{b}_2+t_3\boldsymbol{b}_3+t_4\boldsymbol{b}_4+t_5\boldsymbol{b}_5$$

とかけるから，

$$F(\boldsymbol{x})=t_1\underbrace{F(\boldsymbol{b}_1)}_{=\boldsymbol{0}}+t_2\underbrace{F(\boldsymbol{b}_2)}_{=\boldsymbol{0}}+t_3\underbrace{F(\boldsymbol{b}_3)}_{=\boldsymbol{0}}+t_4F(\boldsymbol{b}_4)+t_5F(\boldsymbol{b}_5)$$

$$=t_4F(\boldsymbol{b}_4)+t_5F(\boldsymbol{b}_5)$$

$$\therefore\quad F(\boldsymbol{x})\in L[F(\boldsymbol{b}_4),\ F(\boldsymbol{b}_5)]$$

したがって，$F(\boldsymbol{b}_4)$, $F(\boldsymbol{b}_5)$ は，Im F の**生成系**.

次に，$F(\boldsymbol{b}_4)$, $F(\boldsymbol{b}_5)$ が，**一次独立**であることを示そう．

$$t_4F(\boldsymbol{b}_4)+t_5F(\boldsymbol{b}_5)=\boldsymbol{0}$$

とおくと，　　◀ **これから，$t_4=t_5=0$ を導くこと**

$$F(t_4\boldsymbol{b}_4+t_5\boldsymbol{b}_5)=\boldsymbol{0}\qquad\therefore\quad t_4\boldsymbol{b}_4+t_5\boldsymbol{b}_5\in\text{Ker}\,F$$

したがって，$\boldsymbol{b}_1$，$\boldsymbol{b}_2$，$\boldsymbol{b}_3$ の一次結合でかける：

$$t_4\boldsymbol{b}_4 + t_5\boldsymbol{b}_5 = t_1\boldsymbol{b}_1 + t_2\boldsymbol{b}_2 + t_3\boldsymbol{b}_3$$

$$\therefore \quad t_1\boldsymbol{b}_1 + t_2\boldsymbol{b}_2 + t_3\boldsymbol{b}_3 - t_4\boldsymbol{b}_4 - t_5\boldsymbol{b}_5 = \boldsymbol{0}$$

ところが，$\boldsymbol{b}_1$，$\boldsymbol{b}_2$，$\boldsymbol{b}_3$，$\boldsymbol{b}_4$，$\boldsymbol{b}_5$ は，一次独立だから，

$$t_4 = t_5 = 0$$

●像空間の次元　線形写像 $F:\boldsymbol{R}^n \to \boldsymbol{R}^m$，$F(\boldsymbol{x}) = A\boldsymbol{x}$ に対して，

$$\dim(\mathrm{Im}\,F) = \mathrm{rank}\,A$$

証明　次元定理により，

$$\dim V = \dim(\mathrm{Ker}\,F) + \dim(\mathrm{Im}\,F)$$

$$\therefore \quad n = (n - \mathrm{rank}\,A) + \dim(\mathrm{Im}\,F)$$

$$\therefore \quad \dim(\mathrm{Im}\,F) = \mathrm{rank}\,A$$

行列の階数のまとめ

ここで，行列 A の階数（ランク）についてまとめておこう．

次は，いずれも，行列 A の階数 rank A に一致する：

1°　行列 A の階数標準形の対角線上に並ぶ 1 の個数

2°　行列 A からの階段行列の 0 でない成分をもつ行の個数

3°　行列 A の一次独立な列ベクトルの最大個数

4°　行列 A の一次独立な行ベクトルの最大個数

5°　行列 A の 0 でない小行列式の最大次数

6°　線形写像 $F(\boldsymbol{x}) = A\boldsymbol{x}$ の像空間 Im F の次元

階数（ランク）の6面相

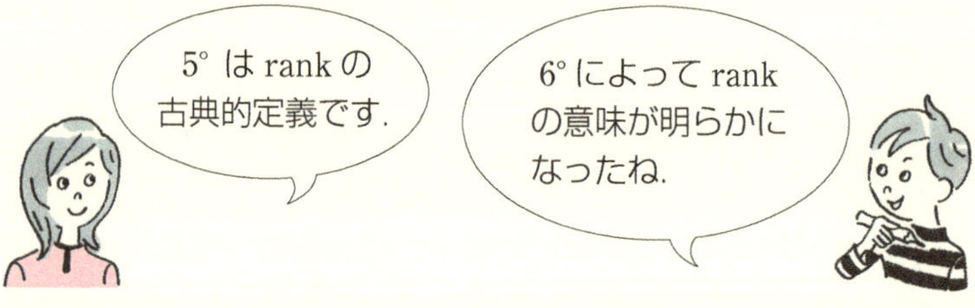
5° は rank の古典的定義です.
6° によって rank の意味が明らかになったね.

例　次の線形写像 F の像 Im F，核 Ker F の一つの基底を求めよ：

$$F:\boldsymbol{R}^3\to\boldsymbol{R}^3,\ F\left(\begin{bmatrix} x \\ y \\ z \end{bmatrix}\right)=\begin{bmatrix} 1 & -3 & 2 \\ 2 & -5 & 1 \\ -1 & 1 & 4 \end{bmatrix}\begin{bmatrix} x \\ y \\ z \end{bmatrix}$$

[解答]　$A=\begin{bmatrix} 1 & -3 & 2 \\ 2 & -5 & 1 \\ -1 & 1 & 4 \end{bmatrix}=[\boldsymbol{a}\ \boldsymbol{b}\ \boldsymbol{c}]$　　◀ $\boldsymbol{a}$, $\boldsymbol{b}$, $\boldsymbol{c}$ は A の列ベクトル

とおく．ところで，

$$\dim(\text{Im}\,F)=\text{rank}\,A$$

であるから，$r=\text{rank}\,A$ とおけば，$\boldsymbol{a}$, $\boldsymbol{b}$, $\boldsymbol{c}$ から，r 個のベクトルを採れば，それらは，Im F の一つの基底になる．

rank A を求めるために，A に行基本変形を施す．

$$A \xrightarrow{①} \begin{bmatrix} 1 & -3 & 2 \\ 0 & 1 & -3 \\ 0 & -2 & 6 \end{bmatrix} \xrightarrow{②} \begin{bmatrix} 1 & 0 & -7 \\ 0 & 1 & -3 \\ 0 & 0 & 0 \end{bmatrix}$$

◀ スペースがあれば表に

①：2 行＋1 行×(−2)，3 行＋1 行×1

②：1 行＋2 行×3,　　3 行＋2 行×2

この基本変形から，

$$\dim(\text{Im}\,F)=\text{rank}\,A=2$$

したがって，$\boldsymbol{a}$, $\boldsymbol{b}$, $\boldsymbol{c}$ のうち一次独立な 2 個のベクトル，たとえば，

$$\begin{bmatrix} 1 \\ 2 \\ -1 \end{bmatrix},\ \begin{bmatrix} -3 \\ -5 \\ 1 \end{bmatrix}$$

◀ $\boldsymbol{a}$, $\boldsymbol{b}$, $\boldsymbol{c}$ のどの 2 個も基底になる

は，Im F の基底である．また，上の行基本変形から，$A\boldsymbol{x}=\boldsymbol{0}$ の解は，

$$\boldsymbol{x}=s\begin{bmatrix} 7 \\ 3 \\ 1 \end{bmatrix}$$　　よって，Ker F の基底の一つは，$\begin{bmatrix} 7 \\ 3 \\ 1 \end{bmatrix}$.

例題 12.1 — **線形写像の次元定理**

線形写像 $F: \boldsymbol{R}^4 \longrightarrow \boldsymbol{R}^3$, $F(\boldsymbol{x}) = A\boldsymbol{x}$ を考える．ただし，

$$A = \begin{bmatrix} 1 & -2 & 0 & 2 \\ -3 & 7 & -1 & -9 \\ 2 & -5 & 1 & 7 \end{bmatrix}$$

(1)　$k = \dim(\mathrm{Ker}\,F)$ とするとき，核 $\mathrm{Ker}\,F$ の（一つの）基底 $\boldsymbol{b}_1, \boldsymbol{b}_2, \cdots, \boldsymbol{b}_k$ を求めよ．

(2)　この基底を延長した $\boldsymbol{R}^4$ の基底 $\boldsymbol{b}_1, \boldsymbol{b}_2, \boldsymbol{b}_3, \boldsymbol{b}_4$ を作り，$F(\boldsymbol{b}_{k+1}), \cdots, F(\boldsymbol{b}_4)$ が，$\mathrm{Im}\,F$ の基底であることを示せ．

[解答]　(1)　行列 A に次の行基本変形を施す：

$$A \xrightarrow{①} \begin{bmatrix} 1 & -2 & 0 & 2 \\ 0 & 1 & -1 & -3 \\ 0 & -1 & 1 & 3 \end{bmatrix} \xrightarrow{②} \begin{bmatrix} 1 & 0 & -2 & -4 \\ 0 & 1 & -1 & -3 \\ 0 & 0 & 0 & 0 \end{bmatrix}$$

①：　2行＋1行×3，3行＋1行×(−2)

②：　1行＋2行×2，3行＋2行×1

この基本変形より，連立1次方程式

$$A\boldsymbol{x} = \boldsymbol{0}$$

◀ まず Ker F を求めよう

は，次と同値：

$$\begin{cases} x_1 \quad\; - 2x_3 - 4x_4 = 0 \\ \quad x_2 - \;x_3 - 3x_4 = 0 \end{cases} \qquad \therefore \quad \begin{cases} x_1 = 2x_3 + 4x_4 \\ x_2 = \;x_3 + 3x_4 \end{cases}$$

ゆえに，

$$\boldsymbol{x} = \begin{bmatrix} x_1 \\ x_2 \\ x_3 \\ x_4 \end{bmatrix} = \begin{bmatrix} 2s + 4t \\ s + 3t \\ s \\ t \end{bmatrix} = s\begin{bmatrix} 2 \\ 1 \\ 1 \\ 0 \end{bmatrix} + t\begin{bmatrix} 4 \\ 3 \\ 0 \\ 1 \end{bmatrix}$$

したがって，次は，Ker F の基底である．

$$\boldsymbol{b}_1=\begin{bmatrix}2\\1\\1\\0\end{bmatrix},\quad \boldsymbol{b}_2=\begin{bmatrix}4\\3\\0\\1\end{bmatrix}$$

◀ $\boldsymbol{b}_1$, $\boldsymbol{b}_2$ は一次独立
$k=\dim(\mathrm{Ker}\,F)=2$

(2)　$\boldsymbol{b}_1$, $\boldsymbol{b}_2$ に，$\boldsymbol{e}_1$, $\boldsymbol{e}_2$ を追加した 4 個のベクトル

$$\boldsymbol{b}_1=\begin{bmatrix}2\\1\\1\\0\end{bmatrix},\quad \boldsymbol{b}_2=\begin{bmatrix}4\\3\\0\\1\end{bmatrix},\quad \boldsymbol{b}_3=\begin{bmatrix}1\\0\\0\\0\end{bmatrix},\quad \boldsymbol{b}_4=\begin{bmatrix}0\\1\\0\\0\end{bmatrix}$$

は，一次独立だから，$\boldsymbol{R}^4$ の基底である．

Im F は，標準基底の像

$$\boldsymbol{a}_1=F(\boldsymbol{e}_1),\quad \boldsymbol{a}_2=F(\boldsymbol{e}_2),\quad \boldsymbol{a}_3=F(\boldsymbol{e}_3),\quad \boldsymbol{a}_4=F(\boldsymbol{e}_4)$$

によって生成される．

◀ $A=[\boldsymbol{a}_1\ \boldsymbol{a}_2\ \boldsymbol{a}_3\ \boldsymbol{a}_4]$

ところが，$\boldsymbol{a}_1$, $\boldsymbol{a}_2$ は一次独立．

◀ $\dim(\mathrm{Im}\,F)=\mathrm{rank}\,A=2$

したがって

$$\boldsymbol{a}_1=F(\boldsymbol{e}_1)=F(\boldsymbol{b}_3),\quad \boldsymbol{a}_2=F(\boldsymbol{e}_2)=F(\boldsymbol{b}_4)$$

は，Im F の基底である．

演習問題 12.1

線形写像 $F:\boldsymbol{R}^3\to\boldsymbol{R}^3$, $F(\boldsymbol{x})=A\boldsymbol{x}$ を考える．ただし，

$$A=\begin{bmatrix}2&-1&3\\-6&3&-9\\4&-2&6\end{bmatrix}$$

(1)　$k=\dim(\mathrm{Ker}\,F)$ とするとき，核 Ker F の（一つの）基底 $\boldsymbol{b}_1$, $\boldsymbol{b}_2$, …, $\boldsymbol{b}_k$ を求めよ．

(2)　この基底を延長した $\boldsymbol{R}^3$ の基底 $\boldsymbol{b}_1$, $\boldsymbol{b}_2$, $\boldsymbol{b}_3$ を作り，$F(\boldsymbol{b}_{k+1})$, …, $F(\boldsymbol{b}_3)$ が，Im F の基底であることを示せ．

第 5 章　固有値問題

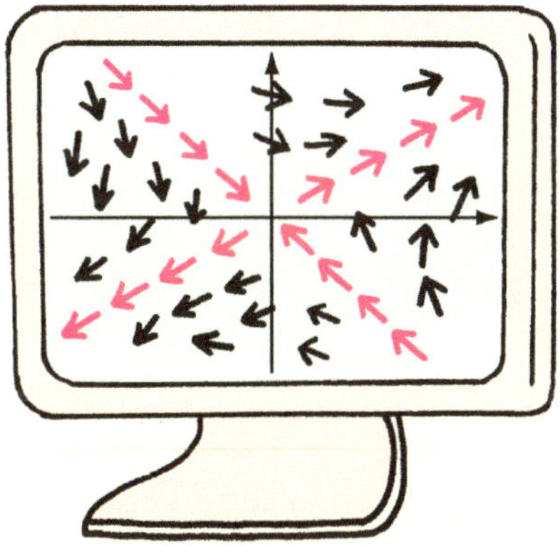

線形変換によって方向の
変わらないベクトル

線形変換の解明は，この変換で**方向の変わらない**ベクトル（固有ベクトル）を見出し，表現行列を対角行列のような簡明な行列にすることです．

そこから，固有値問題が**自然に発生する**んだ．
線形代数の多く問題は，固有値問題（対角化など標準化）によって解決する．

§13 固有ベクトル

線形変換で方向の変わらないベクトル

さあ，いよいよ，**線形代数のハイライト**，固有値問題だよ．

行列の対角化

線形変換 $F: V \to V$ の解明は，線形代数の大きな任務であり，線形変換の考察は，その表現行列の計算に帰着される．

行列の計算も，加・減はやさしかったが，乗法はめんどうであった．でも，いまさら積の定義は変えられない．

しかし，**対角行列**なら，積もベキも簡単だ：

$$\begin{bmatrix} a_1 & & \\ & a_2 & \\ & & a_3 \end{bmatrix}\begin{bmatrix} b_1 & & \\ & b_2 & \\ & & b_3 \end{bmatrix}=\begin{bmatrix} a_1b_1 & & \\ & a_2b_2 & \\ & & a_3b_3 \end{bmatrix}$$

◀ 空白の成分は 0 とする

$$\begin{bmatrix} a_1 & & \\ & a_2 & \\ & & a_3 \end{bmatrix}^n=\begin{bmatrix} a_1^n & & \\ & a_2^n & \\ & & a_3^n \end{bmatrix}$$

そこで，行列の計算も，対角行列の計算に還元できれば，有難い．

この章では，この問題を考えよう．

いま，n 次正方行列 A が与えられたとき，何かうまい正則行列 P を見つけて，

$$P^{-1}AP=\begin{bmatrix} \alpha_1 & & & \\ & \alpha_2 & & \\ & & \ddots & \\ & & & \alpha_n \end{bmatrix}$$

◀ 対角行列

のように，対角行列にできるとき，行列 A は正則行列 P によって**対角化可能**であるといい，行列 P を**変換行列**という．このとき，

(1)　右辺の対角成分 $\alpha_1, \alpha_2, \cdots, \alpha_n$ は何か？

(2)　変換行列 P は，どのようにして求めるのか？

(3)　どんな正方行列も，つねに対角化可能なのか？

ということが問題になろう．

以下，順次説明することにする．いいかな．

簡単のため，3 次の場合で述べよう．いま，行列 A が，

$$P^{-1}AP=\begin{bmatrix} \alpha_1 & & \\ & \alpha_2 & \\ & & \alpha_3 \end{bmatrix}$$

のように対角化されたとする．このとき，

$$AP=P\begin{bmatrix} \alpha_1 & & \\ & \alpha_2 & \\ & & \alpha_3 \end{bmatrix}$$

であるが，変換行列を，

$$P=\begin{bmatrix} p_{11} & p_{12} & p_{13} \\ p_{21} & p_{22} & p_{23} \\ p_{31} & p_{32} & p_{33} \end{bmatrix}=[\boldsymbol{p}_1 \quad \boldsymbol{p}_2 \quad \boldsymbol{p}_3]$$

とおけば，

$$A[\boldsymbol{p}_1 \quad \boldsymbol{p}_2 \quad \boldsymbol{p}_3]=AP=P\begin{bmatrix} \alpha_1 & & \\ & \alpha_2 & \\ & & \alpha_3 \end{bmatrix}=[\boldsymbol{p}_1 \quad \boldsymbol{p}_2 \quad \boldsymbol{p}_3]\begin{bmatrix} \alpha_1 & & \\ & \alpha_2 & \\ & & \alpha_3 \end{bmatrix}$$

一番左の辺と一番右の辺を比べて，

$$[A\boldsymbol{p}_1 \quad A\boldsymbol{p}_2 \quad A\boldsymbol{p}_3]=[\alpha_1\boldsymbol{p}_1 \quad \alpha_2\boldsymbol{p}_2 \quad \alpha_3\boldsymbol{p}_3]$$

$$\therefore \quad A\boldsymbol{p}_1=\alpha_1\boldsymbol{p}_1, \quad A\boldsymbol{p}_2=\alpha_2\boldsymbol{p}_2, \quad A\boldsymbol{p}_3=\alpha_3\boldsymbol{p}_3$$

これらの式を，よく見よう．

ベクトル $\boldsymbol{p}_1, \boldsymbol{p}_2, \boldsymbol{p}_3$ は，いずれも，

線形変換 $F(x)=Ax$ によって方向の変わらない

ベクトルで，長さだけが，それぞれ，α_1 倍・α_2 倍・α_3 倍になっているにすぎない．

方向の変わらないベクトルを“固有ベクトル”，倍率を“固有値”というのであるが，キチンと定義しておく．

固有値・固有ベクトル

> 線形変換 $F(\boldsymbol{x})=A\boldsymbol{x}$ に対して，
>
> $$A\boldsymbol{x}=\lambda\boldsymbol{x},\quad \boldsymbol{x}\neq\boldsymbol{0}$$
>
> となる定数 λ を n 次正方行列 A（または線形変換 F）の**固有値**，ベクトル $\boldsymbol{x}$ を，固有値 λ に対する**固有ベクトル**という．

固有値・固有ベクトル

例　$A=\dfrac{1}{3}\begin{bmatrix} 7 & -2 \\ -1 & 8 \end{bmatrix}$ による線形変換 $F(\boldsymbol{x})=A\boldsymbol{x}$ を考える．

次の計算をご覧いただきたい：

$$\frac{1}{3}\begin{bmatrix} 7 & -2 \\ -1 & 8 \end{bmatrix}\begin{bmatrix} 2 \\ 1 \end{bmatrix}=\begin{bmatrix} 4 \\ 2 \end{bmatrix}=2\begin{bmatrix} 2 \\ 1 \end{bmatrix}$$

$$\frac{1}{3}\begin{bmatrix} 7 & -2 \\ -1 & 8 \end{bmatrix}\begin{bmatrix} -1 \\ 1 \end{bmatrix}=\begin{bmatrix} -3 \\ 3 \end{bmatrix}=3\begin{bmatrix} -1 \\ 1 \end{bmatrix}$$

これらの式は，2 および 3 が，行列 A の固有値で，

$$\boldsymbol{p}_1=\begin{bmatrix} 2 \\ 1 \end{bmatrix},\quad \boldsymbol{p}_2=\begin{bmatrix} -1 \\ 1 \end{bmatrix}$$

が，それぞれ，固有値 2，固有値 3 に対する固有ベクトルであることを示しているね．

ところで，これらの $\boldsymbol{p}_1$, $\boldsymbol{p}_2$ は，一次独立だから，$\boldsymbol{R}^2$ のどんなベクトル $\boldsymbol{x}$ も，次の形にただ一通りにかける：

$$\boldsymbol{x}=x_1\boldsymbol{p}_1+x_2\boldsymbol{p}_2$$

いまや，固有ベクトルにより，線形変換 $F(\boldsymbol{x})=A\boldsymbol{x}$ の**正体は解明される：**

$$
\begin{aligned}
A\boldsymbol{x} &= A(x_1\boldsymbol{p}_1 + x_2\boldsymbol{p}_2) \\
&= x_1A\boldsymbol{p}_1 + x_2A\boldsymbol{p}_2 \\
&= 2x_1\boldsymbol{p}_1 + 3x_2\boldsymbol{p}_2
\end{aligned}
$$

◀ $A\boldsymbol{p}_1 = 2\boldsymbol{p}_1$, $A\boldsymbol{p}_2 = 3\boldsymbol{p}_2$

◀ 比例拡大の合成

すなわち，$\boldsymbol{x}$ の像 $F(\boldsymbol{x}) = A\boldsymbol{x}$ は，

$\boldsymbol{x}$ を $\boldsymbol{p}_1$ 方向と $\boldsymbol{p}_2$ 方向とに分けて，

それぞれ，2 倍・3 倍して和を作ればよいことが分かった．

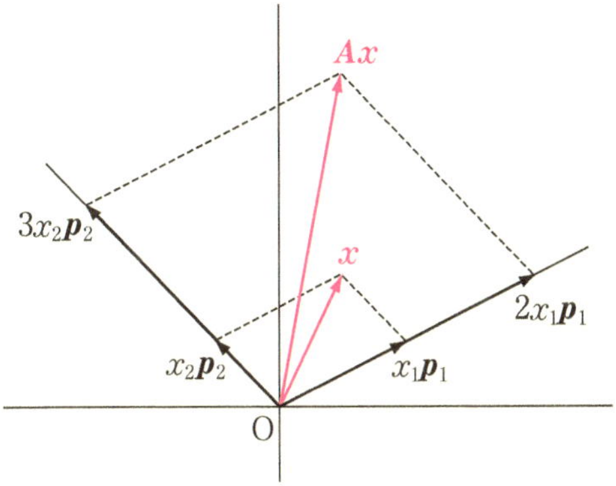

次に，n 次正方行列 A の固有値を求めよう．

$$A\boldsymbol{x} = \lambda\boldsymbol{x} \iff (\lambda E - A)\boldsymbol{x} = \boldsymbol{0}$$

が，非自明解 $\boldsymbol{x} \neq \boldsymbol{0}$ をもつ条件は，

係数行列式 $= 0$

だったね．

Point

$A\boldsymbol{x} = \boldsymbol{0}$ が解 $\boldsymbol{x} \neq \boldsymbol{0}$ をもつ

⬇

$|A| = 0$

A の固有値は，x の n 次方程式

$$\varphi_A(x) = |xE - A| = \begin{vmatrix} x - a_{11} & -a_{12} & \cdots & -a_{1n} \\ -a_{21} & x - a_{22} & \cdots & -a_{2n} \\ \vdots & \vdots & & \vdots \\ -a_{n1} & -a_{n2} & \cdots & x - a_{nn} \end{vmatrix} = 0$$

の解だから，n 次正方行列 A の固有値は，**重複度を含めて**，n 個ある．

n 次方程式 $\varphi_A(x) = 0$ を，A の**固有方程式**というのだ．

例題 13.1 ―――― **固有値・固有ベクトル**

$A=\begin{bmatrix} 2 & 5 \\ -1 & 8 \end{bmatrix}$ とする.

(1) 行列 A の固有方程式を求めよ.

(2) 行列 A の固有値と，それらに対する固有ベクトルを求めよ.

線形変換 $F(\boldsymbol{x})=A\boldsymbol{x}$ によって**方向の変わらないベクトル**を，線形変換 F または行列 A の**固有ベクトル**という.

$$A\boldsymbol{x}=\lambda\boldsymbol{x} \qquad (\boldsymbol{x}\neq\boldsymbol{0})$$

なる定数 λ を行列 A の**固有値**，ベクトル $\boldsymbol{x}$ を，固有値 λ に対する固有ベクトルという．2次の場合をかけば，

$$A=\begin{bmatrix} a & b \\ c & d \end{bmatrix} \text{のとき，} xE-A=\begin{bmatrix} x-a & -b \\ -c & x-d \end{bmatrix}$$

$$|xE-A|=\begin{vmatrix} x-a & -b \\ -c & x-d \end{vmatrix}=x^2-(a+d)x+(ad-bc)$$

このとき，

$\varphi_A(x)=|xE-A|=0$ を，行列 A の**固有方程式**

という.

行列 A の固有値は，固有方程式の解である.

[解答] (1) $xE-A=x\begin{bmatrix} 1 & 0 \\ 0 & 1 \end{bmatrix}-\begin{bmatrix} 2 & 5 \\ -1 & 8 \end{bmatrix}$

$$=\begin{bmatrix} x-2 & -5 \\ 1 & x-8 \end{bmatrix}$$

$$\therefore \quad \varphi_A(x)=\begin{vmatrix} x-2 & -5 \\ 1 & x-8 \end{vmatrix}=(x-2)(x-8)-(-5)\cdot 1$$

$$=x^2-10x+21$$

ゆえに，求める固有方程式は，

$$\varphi_A(x)=x^2-10x+21=0$$

(2)　$\varphi_A(x)=0$ より，

$$x^2-10x+21=(x-3)(x-7)=0$$

$$\therefore \quad x=3 \quad \text{または,} \quad x=7$$

したがって，行列 A の固有値は，3 と 7.

● $A\boldsymbol{x}=3\boldsymbol{x}$　を解く：

$$\begin{bmatrix} 2 & 5 \\ -1 & 8 \end{bmatrix}\begin{bmatrix} x \\ y \end{bmatrix}=3\begin{bmatrix} x \\ y \end{bmatrix}$$

成分でかけば，

$$\begin{cases} 2x+5y=3x \\ -x+8y=3y \end{cases}$$

$$\therefore \begin{cases} -x+5y=0 \\ -x+5y=0 \end{cases}$$

この解は，

$$\begin{cases} x=5s \\ y=s \end{cases}$$

ゆえに，固有値 3 に対する固有ベクトルは，

$$s\begin{bmatrix} 5 \\ 1 \end{bmatrix} \quad (s \neq 0)$$

● $A\boldsymbol{x}=7\boldsymbol{x}$　を解く：

$$\begin{bmatrix} 2 & 5 \\ -1 & 8 \end{bmatrix}\begin{bmatrix} x \\ y \end{bmatrix}=7\begin{bmatrix} x \\ y \end{bmatrix}$$

成分でかけば，

$$\begin{cases} 2x+5y=7x \\ -x+8y=7y \end{cases}$$

$$\therefore \begin{cases} -5x+5y=0 \\ -x+y=0 \end{cases}$$

この解は，

$$\begin{cases} x=t \\ y=t \end{cases}$$

ゆえに，固有値 7 に対する固有ベクトルは，

$$t\begin{bmatrix} 1 \\ 1 \end{bmatrix} \quad (t \neq 0)$$

演習問題 13.1

$A=\begin{bmatrix} 1 & 4 \\ 3 & 2 \end{bmatrix}$ とする.

(1)　行列 A の固有方程式を求めよ.

(2)　行列 A の固有値と，それらに対する固有ベクトルを求めよ.

§14 行列の対角化

線形代数のハイライト

行列の対角化

n 次正方行列 A が，**一次独立な** n **個**の固有ベクトル $\boldsymbol{p}_1, \boldsymbol{p}_2, \cdots, \boldsymbol{p}_n$ をもてば，これらを列ベクトルとする正則行列 $P=[\boldsymbol{p}_1\ \boldsymbol{p}_2\ \cdots\ \boldsymbol{p}_n]$ によって，A は対角化される：

$$P^{-1}AP=\begin{bmatrix}\lambda_1 & & & \\ & \lambda_2 & & \\ & & \ddots & \\ & & & \lambda_n\end{bmatrix}$$

ただし，対角成分 $\lambda_1, \lambda_2, \cdots, \lambda_n$ は，それぞれ，$\boldsymbol{p}_1, \boldsymbol{p}_2, \cdots, \boldsymbol{p}_n$ に対する行列 A の固有値である．

行列の対角化

▶**注**　固有値 $\lambda_1, \lambda_2, \cdots, \lambda_n$ は，すべて異なるとはかぎらない．

● $\lambda_1, \lambda_2, \cdots, \lambda_n$ は相異なる ⇒ $\boldsymbol{p}_1, \boldsymbol{p}_2, \cdots, \boldsymbol{p}_n$ は一次独立

は成立するが，**逆 ⇐ は成立しない．**

ここでは，⇒を $n=3$ の場合で証明し，⇐の反例は思い切って省略する．

証明　いま，$\lambda_1, \lambda_2, \lambda_3$ が相異なって，$\boldsymbol{p}_1, \boldsymbol{p}_2, \boldsymbol{p}_3$ が一次従属と仮定する．さらに，$\boldsymbol{p}_1, \boldsymbol{p}_2$ が一次独立で，$\boldsymbol{p}_3$ は，

$$\boldsymbol{p}_3=s_1\boldsymbol{p}_1+s_2\boldsymbol{p}_2 \quad \cdots\cdots\cdots\cdots \quad ①$$

のように，$\boldsymbol{p}_1, \boldsymbol{p}_2$ の一次結合になっているとしよう．このとき，

$$A\boldsymbol{p}_3=s_1A\boldsymbol{p}_1+s_2A\boldsymbol{p}_2$$

$$\lambda_3\boldsymbol{p}_3=s_1\lambda_1\boldsymbol{p}_1+s_2\lambda_2\boldsymbol{p}_2 \quad \cdots\cdots\cdots\cdots \quad ②$$

◀ $A\boldsymbol{p}_i=\lambda_i\boldsymbol{p}_i$

いま，①×λ_3−② を作ると，

$$s_1(\lambda_3-\lambda_1)\boldsymbol{p}_1+s_2(\lambda_3-\lambda_1)\boldsymbol{p}_2=\boldsymbol{0}$$

$\boldsymbol{p}_1$, $\boldsymbol{p}_2$ が一次独立であって，$\lambda_3-\lambda_1\neq 0$, $\lambda_3-\lambda_2\neq 0$ だというのだから，$s_1=0$, $s_2=0$ ということになる．このとき，$\boldsymbol{p}_3=\boldsymbol{0}$ となって，$\boldsymbol{p}_3$ が固有ベクトルであることに**反する**.

対角化不可能の場合

たとえば，

$$A=\begin{bmatrix} 3 & -1 \\ 4 & 7 \end{bmatrix}$$

を考えよう．固有方程式は，

$$\varphi_A(x)=\begin{vmatrix} x-3 & 1 \\ -4 & x-7 \end{vmatrix}=x^2-10x+25=(x-5)^2=0$$

となるから，重解をもち，行列 A の固有値は，5, 5 である．

じつは，この行列 A は，どんな正則行列をもってきても，**対角化できない**のだ，実際，$P=[\,\boldsymbol{p}_1\ \boldsymbol{p}_2\,]$ によって，

$$P^{-1}AP=\begin{bmatrix} \alpha & \\ & \beta \end{bmatrix}$$

のように対角化されたとしよう．このとき，

$$AP=P\begin{bmatrix} \alpha & \\ & \beta \end{bmatrix} \qquad \therefore \quad A[\,\boldsymbol{p}_1\ \boldsymbol{p}_2\,]=[\,\boldsymbol{p}_1\ \boldsymbol{p}_2\,]\begin{bmatrix} \alpha & \\ & \beta \end{bmatrix}$$

したがって，

$$[\,A\boldsymbol{p}_1 \quad A\boldsymbol{p}_2\,]=[\,\alpha\boldsymbol{p}_1 \quad \beta\boldsymbol{p}_2\,]$$

$$\therefore \quad A\boldsymbol{p}_1=\alpha\boldsymbol{p}_1,\ A\boldsymbol{p}_2=\beta\boldsymbol{p}_2$$

これは，α も β も，行列 A の固有値であることを示している．

$$\therefore \quad \alpha=5,\ \beta=5$$

◀ **固有値は 5 だけだった**

このとき，

$$A=P\begin{bmatrix} \alpha & \\ & \beta \end{bmatrix}P^{-1}=P\begin{bmatrix} 5 & \\ & 5 \end{bmatrix}P^{-1}=\begin{bmatrix} 5 & \\ & 5 \end{bmatrix}$$

となって，みごとに**矛盾する**.

行列 A は**対角化できない**のだ．

この場合“対角化できないのなら仕方ないさ”と，あっさりアキラメてしまうのも潔い一つの態度だろう．

でもね，best でなくても，何か，

better

を探そう，というのも現実的な態度だ．

じつは，うまく正則行列 P をとれば，

$$P^{-1}AP=\begin{bmatrix} 5 & 1 \\ & 5 \end{bmatrix}$$

◀ 空白の成分は 0

という形にすることができるのである．

一般に，

$$J=P^{-1}AP=\begin{bmatrix} \alpha & 1 \\ & \alpha \end{bmatrix}$$

◀ 右辺を 2 次ジョルダン行列という

とおけば，$AP=PJ$．変換行列を，$P=[\boldsymbol{p}\ \ \boldsymbol{q}]$ とおけば，

$$[A\boldsymbol{p}\ \ A\boldsymbol{q}]=A[\boldsymbol{p}\ \ \boldsymbol{q}]=AP=PJ$$

$$=[\boldsymbol{p}\ \ \boldsymbol{q}]\begin{bmatrix} \alpha & 1 \\ & \alpha \end{bmatrix}=[\alpha\boldsymbol{p}\quad \boldsymbol{p}+\alpha\boldsymbol{q}]$$

したがって，次のような一組の $\boldsymbol{p}$，$\boldsymbol{q}$ を求め，$P=[\boldsymbol{p}\ \ \boldsymbol{q}]$ とおけば，この P によって行列 A は，**2 次ジョルダン行列**に変換される：

$$A\boldsymbol{p}=\alpha\boldsymbol{p},\ \ A\boldsymbol{q}=\boldsymbol{p}+\alpha\boldsymbol{q}$$

行列の n 乗

一般に，正方行列 A に対して，適当な正則行列 P によって，

$$P^{-1}AP=B,\ B：対角行列かジョルダン行列$$

とすることを，行列 A の**標準化**という．このとき，

$$A=PBP^{-1}$$

であるから，

$$A^n=(PBP^{-1})(PBP^{-1})\cdots(PBP^{-1})$$

$$
\begin{aligned}
&= PBP^{-1}PBP^{-1}P \cdots P^{-1}PBP^{-1} \\
&= P\underbrace{BB \cdots B}_{n\text{個}}P^{-1} = PB^nP^{-1}
\end{aligned}
$$

のように計算できる．対角行列・ジョルダン行列の n 乗は，簡単で，

$$
\begin{bmatrix} \alpha & \\ & \beta \end{bmatrix}^n = \begin{bmatrix} \alpha^n & \\ & \beta^n \end{bmatrix}, \quad \begin{bmatrix} \alpha & 1 \\ & \alpha \end{bmatrix}^n = \begin{bmatrix} \alpha^n & n\alpha^{n-1} \\ & \alpha^n \end{bmatrix}
$$

したがって，$A^n = PB^nP^{-1}$ が計算できるのだ．

プラスα　$e^{\text{行列}}$って何？

いままで，行列について，和・差・積を考えました．商は逆行列を考えたのでしたね．

それでは，行列 A の指数関数 e^A，三角関数 $\cos A \cdot \sin A$ を考えることはできないのでしょうか？

じつは，できるのです．

手がかりは，微分積分で学んだ**テイラー展開**です：

$$
e^x = 1 + \frac{1}{1!}x + \frac{1}{2!}x^2 + \frac{1}{3!}x^3 + \cdots\cdots
$$

いまや，A^n の計算方法が分かったのですから，e^A を，

$$
e^A = E + \frac{1}{1!}A + \frac{1}{2!}A^2 + \frac{1}{3!}A^3 + \cdots\cdots
$$

と定義することができます．

このeのA乗e^Aの正体は？　　何の役に立つの？

この本をマスターした諸君は，ぜひ，次のレベルの線形代数へ進んで，線形代数の面白さを満喫して下さい．

例題 14.1　　行列の対角化・1

$A=\begin{bmatrix} 1 & 2 \\ -6 & 8 \end{bmatrix}$ とする.

(1)　行列 A の固有値は，4 と 5 であることを示せ.

(2)　固有値 4 に対する(一つの)固有ベクトル $\boldsymbol{p}_1$ を求めよ.

固有値 5 に対する(一つの)固有ベクトル $\boldsymbol{p}_2$ を求めよ.

(3)　$P=[\boldsymbol{p}_1 \ \ \boldsymbol{p}_2]$ とおくとき，$P^{-1}AP$ を計算せよ.

$Q=[\boldsymbol{p}_2 \ \ \boldsymbol{p}_1]$ とおくとき，$Q^{-1}AQ$ を計算せよ.

[解答]　(1)　$\varphi_A(x)=|xE-A|=\begin{vmatrix} x-1 & -2 \\ 6 & x-8 \end{vmatrix}$

$$=(x-1)(x-8)-(-2)\cdot 6$$

$$=(x-4)(x-5)$$

$\varphi_A(x)=0$ より，$x=4$　または，$x=5$. 固有値は，4 と 5.

(2)　連立 1 次方程式 $A\boldsymbol{x}=4\boldsymbol{x}$ と $A\boldsymbol{x}=5\boldsymbol{x}$ を解く.

● $A\boldsymbol{x}=4\boldsymbol{x}$：

$$\begin{bmatrix} 1 & 2 \\ -6 & 8 \end{bmatrix}\begin{bmatrix} x \\ y \end{bmatrix}=4\begin{bmatrix} x \\ y \end{bmatrix}$$

$$\therefore \begin{cases} x+2y=4x \\ -6x+8y=4y \end{cases}$$

$$\therefore \begin{cases} -3x+2y=0 \\ -6x+4y=0 \end{cases}$$

よって，固有値 4 に対する一つの固有ベクトルは，

$$\boldsymbol{p}_1=\begin{bmatrix} x \\ y \end{bmatrix}=\begin{bmatrix} 2 \\ 3 \end{bmatrix}$$

● $A\boldsymbol{x}=5\boldsymbol{x}$：

$$\begin{bmatrix} 1 & 2 \\ -6 & 8 \end{bmatrix}\begin{bmatrix} x \\ y \end{bmatrix}=5\begin{bmatrix} x \\ y \end{bmatrix}$$

$$\therefore \begin{cases} x+2y=5x \\ -6x+8y=5y \end{cases}$$

$$\therefore \begin{cases} -4x+2y=0 \\ -6x+3y=0 \end{cases}$$

よって，固有値 5 に対する一つの固有ベクトルは，

$$\boldsymbol{p}_2=\begin{bmatrix} x \\ y \end{bmatrix}=\begin{bmatrix} 1 \\ 2 \end{bmatrix}$$

◀ 身近な値の成分をとればよい

(3) いま,
$$P = [\bm{p}_1 \quad \bm{p}_2] = \begin{bmatrix} 2 & 1 \\ 3 & 2 \end{bmatrix}$$

とおけば,
$$P^{-1} = \begin{bmatrix} 2 & -1 \\ -3 & 2 \end{bmatrix}$$

このとき,
$$P^{-1}AP = \begin{bmatrix} 2 & -1 \\ -3 & 2 \end{bmatrix} \begin{bmatrix} 1 & 2 \\ -6 & 8 \end{bmatrix} \begin{bmatrix} 2 & 1 \\ 3 & 2 \end{bmatrix} = \begin{bmatrix} 4 & \\ & 5 \end{bmatrix}$$

次に,
$$Q = [\bm{p}_2 \quad \bm{p}_1] = \begin{bmatrix} 1 & 2 \\ 2 & 3 \end{bmatrix}$$

とおけば,
$$Q^{-1} = \begin{bmatrix} -3 & 2 \\ 2 & -1 \end{bmatrix}$$

> $A = \begin{bmatrix} a & b \\ c & d \end{bmatrix}$ のとき,
> $A^{-1} = \dfrac{1}{|A|} \begin{bmatrix} d & -b \\ -c & a \end{bmatrix}$
> ただし, $|A| = ad - bc$

このとき,
$$Q^{-1}AQ = \begin{bmatrix} -3 & 2 \\ 2 & -1 \end{bmatrix} \begin{bmatrix} 1 & 2 \\ -6 & 8 \end{bmatrix} \begin{bmatrix} 1 & 2 \\ 2 & 3 \end{bmatrix} = \begin{bmatrix} 5 & \\ & 4 \end{bmatrix}$$

対角線上に並ぶ**固有値の順序**に注意しましょう.

=== **演習問題 14.1** ===

$A = \begin{bmatrix} 4 & 1 \\ -2 & 7 \end{bmatrix}$ とする.

(1) 行列 A の固有値は, 5 と 6 であることを示せ.

(2) 固有値 5 に対する(一つの)固有ベクトル $\bm{p}_1$ を求めよ.
　　固有値 6 に対する(一つの)固有ベクトル $\bm{p}_2$ を求めよ.

(3) $P = [\bm{p}_1 \quad \bm{p}_2]$ とおくとき, $P^{-1}AP$ を計算せよ.
　　$Q = [\bm{p}_2 \quad \bm{p}_1]$ とおくとき, $Q^{-1}AQ$ を計算せよ.

例題 14.2 行列の対角化・2

$$A=\begin{bmatrix} 6 & -2 & -4 \\ -1 & 4 & 1 \\ 3 & -2 & -1 \end{bmatrix}$$ とする.

(1) $\varphi_A(x)=(x-2)(x-3)(x-4)$ を示せ.

(2) 固有値 2, 3, 4 に対する固有ベクトル $\boldsymbol{p}_1$, $\boldsymbol{p}_2$, $\boldsymbol{p}_3$ を求めよ.

(一組だけ求めればよい)

(3) $P=[\boldsymbol{p}_1\ \ \boldsymbol{p}_2\ \ \boldsymbol{p}_3]$ とおくとき, $P^{-1}AP$ を計算せよ.

[解答] (1) $\varphi_A(x)=|xE-A|$ を計算する.

$$\varphi_A(x)=\begin{vmatrix} x-6 & 2 & 4 \\ 1 & x-4 & -1 \\ -3 & 2 & x+1 \end{vmatrix}$$

◀ いきなりサラスの展開では芸がない. 何か一工夫したい.

$$\overset{①}{=}\begin{vmatrix} x-2 & 2 & 4 \\ 0 & x-4 & -1 \\ x-2 & 2 & x+1 \end{vmatrix}$$

①：1 列+3 列×1

$$\overset{②}{=}\begin{vmatrix} x-2 & 2 & 4 \\ 0 & x-4 & -1 \\ 0 & 0 & x-3 \end{vmatrix}$$

②：3 行 +1 行×(−1)

$$=(x-2)(x-4)(x-3)$$

$$=(x-2)(x-3)(x-4)$$

(2) (i) $A\boldsymbol{x}=2\boldsymbol{x}$ を解く：

$$\begin{bmatrix} 6 & -2 & -4 \\ -1 & 4 & 1 \\ 3 & -2 & -1 \end{bmatrix}\begin{bmatrix} x \\ y \\ z \end{bmatrix}=2\begin{bmatrix} x \\ y \\ z \end{bmatrix}$$

$$\begin{cases} 6x-2y-4z=2x \\ -x+4y+\ \ z=2y \\ 3x-2y-\ \ z=2z \end{cases} \quad \therefore \quad \begin{cases} 4x-2y-4z=0 \\ -x+2y+\ \ z=0 \\ 3x-2y-3z=0 \end{cases}$$

この解で，$\mathbf{0}$ でない解として，たとえば，次をとる：

$$\boldsymbol{p}_1=\begin{bmatrix}1\\0\\1\end{bmatrix}$$

(ii) 同様に，$A\boldsymbol{x}=3\boldsymbol{x}$ および，$A\boldsymbol{x}=4\boldsymbol{x}$ の $\mathbf{0}$ でない解として，たとえば，次をとる：

$$\boldsymbol{p}_2=\begin{bmatrix}2\\1\\1\end{bmatrix},\quad \boldsymbol{p}_3=\begin{bmatrix}1\\-1\\1\end{bmatrix}$$

(3) $$P=[\boldsymbol{p}_1\ \ \boldsymbol{p}_2\ \ \boldsymbol{p}_3]=\begin{bmatrix}1&2&1\\0&1&-1\\1&1&1\end{bmatrix}$$

とおけば，

$$P^{-1}AP=\begin{bmatrix}-2&1&3\\1&0&-1\\1&-1&-1\end{bmatrix}\begin{bmatrix}6&-2&-4\\-1&4&1\\3&-2&-1\end{bmatrix}\begin{bmatrix}1&2&1\\0&1&-1\\1&1&1\end{bmatrix}$$

$$=\begin{bmatrix}2&&\\&3&\\&&4\end{bmatrix}$$

◀ 対角線上に固有値がみごとに並んだ！

演習問題 14.2

$$A=\begin{bmatrix}4&1&-3\\-5&-2&9\\-3&-3&8\end{bmatrix}$$ とする．

(1) $\varphi_A(x)=(x-2)(x-3)(x-5)$ を示せ．

(2) 固有値 2, 3, 5 に対する固有ベクトル $\boldsymbol{p}_1$, $\boldsymbol{p}_2$, $\boldsymbol{p}_3$ を求めよ．（一組だけ求めればよい）

(3) $P=[\boldsymbol{p}_1\ \ \boldsymbol{p}_2\ \ \boldsymbol{p}_3]$ とおくとき，$P^{-1}AP$ を計算せよ．

例題 14.3　　A^n の計算

$A=\begin{bmatrix}1 & -2\\ 4 & 7\end{bmatrix}$ のとき，A^n を求めよ．

[解答]　A^n を求める，とは，A^n の各成分を n の式で表わすこと．

$$\varphi_A(x)=|xE-A|=\begin{vmatrix}x-1 & 2\\ -4 & x-7\end{vmatrix}$$

$$=(x-1)(x-7)-2\cdot(-4)$$

$$=(x-3)(x-5)=0$$

より，

$$x=3,\quad x=5$$

行列 A の固有値は，3 と 5．

> **Point**
>
> **A^n の計算**
>
> $B=P^{-1}AP$
>
> となれば，
>
> $A^n=PB^nP^{-1}$

● $A\boldsymbol{x}=3\boldsymbol{x}$

$$\begin{bmatrix}1 & -2\\ 4 & 7\end{bmatrix}\begin{bmatrix}x\\ y\end{bmatrix}=3\begin{bmatrix}x\\ y\end{bmatrix}$$

より，

$$\begin{cases}x-2y=3x\\ 4x+7y=3y\end{cases}$$

$$\therefore\ \begin{cases}-2x-2y=0\\ 4x+4y=0\end{cases}$$

この解の一つとして，次をとる．

$$\boldsymbol{p}_1=\begin{bmatrix}1\\ -1\end{bmatrix}$$

● $A\boldsymbol{x}=5\boldsymbol{x}$

$$\begin{bmatrix}1 & -2\\ 4 & 7\end{bmatrix}\begin{bmatrix}x\\ y\end{bmatrix}=5\begin{bmatrix}x\\ y\end{bmatrix}$$

より，

$$\begin{cases}x-2y=5x\\ 4x+7y=5y\end{cases}$$

$$\therefore\ \begin{cases}-4x-2y=0\\ 4x+2y=0\end{cases}$$

この解の一つとして，次をとる．

$$\boldsymbol{p}_2=\begin{bmatrix}1\\ -2\end{bmatrix}$$

次に，

$$P=[\boldsymbol{p}_1\ \ \boldsymbol{p}_2]=\begin{bmatrix}1 & 1\\ -1 & -2\end{bmatrix},\quad P^{-1}=\begin{bmatrix}2 & 1\\ -1 & -1\end{bmatrix}$$

とおけば，

$$B = P^{-1}AP = \begin{bmatrix} 3 & \\ & 5 \end{bmatrix}$$

このとき，

$$B^n = \begin{bmatrix} 3^n & \\ & 5^n \end{bmatrix} = 3^n\begin{bmatrix} 1 & 0 \\ 0 & 0 \end{bmatrix} + 5^n\begin{bmatrix} 0 & 0 \\ 0 & 1 \end{bmatrix}$$

となるから，

$$\begin{aligned} A^n &= (PBP^{-1})(PBP^{-1})\cdots(PBP^{-1}) \\ &= PB^nP^{-1} \\ &= \begin{bmatrix} 1 & 1 \\ -1 & -2 \end{bmatrix}\begin{bmatrix} 3^n & \\ & 5^n \end{bmatrix}\begin{bmatrix} 2 & 1 \\ -1 & -1 \end{bmatrix} \\ &= 3^n\begin{bmatrix} 1 & 1 \\ -1 & -2 \end{bmatrix}\begin{bmatrix} 1 & 0 \\ 0 & 0 \end{bmatrix}\begin{bmatrix} 2 & 1 \\ -1 & -1 \end{bmatrix} \\ &\quad + 5^n\begin{bmatrix} 1 & 1 \\ -1 & -2 \end{bmatrix}\begin{bmatrix} 0 & 0 \\ 0 & 1 \end{bmatrix}\begin{bmatrix} 2 & 1 \\ -1 & -1 \end{bmatrix} \end{aligned}$$

したがって，

$$A^n = 3^n\begin{bmatrix} 2 & 1 \\ -2 & -1 \end{bmatrix} + 5^n\begin{bmatrix} -1 & -1 \\ 2 & 2 \end{bmatrix}$$

◀ 一つの行列にまとめなくてもよい

演習問題 14.3

$A = \begin{bmatrix} 14 & -6 \\ 12 & -3 \end{bmatrix}$ のとき，A^n を求めよ．

例題 14.4　2次ジョルダン行列

$A=\begin{bmatrix} 3 & -1 \\ 4 & 7 \end{bmatrix}$ とする.

(1)　$\varphi_A(x)=(x-5)^2$　を示せ.

(2)　$P^{-1}AP=\begin{bmatrix} 5 & 1 \\ & 5 \end{bmatrix}$ となる正則行列 P を一つ求めよ.

[解答]　(1)　$\varphi_A(x)$ の定義により,

$$\varphi_A(x)=\begin{vmatrix} x-3 & 1 \\ -4 & x-7 \end{vmatrix}$$

◀ $\varphi_A(x)=|xE-A|$

$$=(x-3)(x-7)-(-4)$$
$$=x^2-10x+25$$
$$=(x-5)^2$$

(2)　正則行列 $P=[\,\boldsymbol{p}\quad \boldsymbol{q}\,]$ によって,

$$P^{-1}AP=\begin{bmatrix} 5 & 1 \\ & 5 \end{bmatrix}$$

$$\therefore\quad AP=P\begin{bmatrix} 5 & 1 \\ & 5 \end{bmatrix}$$

となったとする：

Point

$\varphi_A(x)=(x-\alpha)^2$ の2次行列

$A\neq\alpha E$ ならば，適当な正則行列 P によって,

$$P^{-1}AP=\begin{bmatrix} \alpha & 1 \\ & \alpha \end{bmatrix}$$

$$A\,[\,\boldsymbol{p}\quad \boldsymbol{q}\,]=[\,\boldsymbol{p}\quad \boldsymbol{q}\,]\begin{bmatrix} 5 & 1 \\ & 5 \end{bmatrix}$$

$$[\,A\boldsymbol{p}\quad A\boldsymbol{q}\,]=[\,5\boldsymbol{p}\quad \boldsymbol{p}+5\boldsymbol{q}\,]$$

したがって,

$$\begin{cases} A\boldsymbol{p}=5\boldsymbol{p} & \cdots\cdots\cdots\cdots ① \\ A\boldsymbol{q}=\boldsymbol{p}+5\boldsymbol{q} & \cdots\cdots\cdots\cdots ② \end{cases}$$

を満たす(一組の) $\boldsymbol{p}$, $\boldsymbol{q}$ を求める．まず，①より,

$$\begin{bmatrix} 3 & -1 \\ 4 & 7 \end{bmatrix}\begin{bmatrix} p_1 \\ p_2 \end{bmatrix} = 5\begin{bmatrix} p_1 \\ p_2 \end{bmatrix}$$

$$\therefore \begin{cases} 3p_1 - \ p_2 = 5p_1 \\ 4p_1 + 7p_2 = 5p_2 \end{cases} \qquad \therefore \begin{cases} -2p_1 - \ p_2 = 0 \\ \quad 4p_1 + 2p_2 = 0 \end{cases}$$

この一つの解として，

$$\boldsymbol{p} = \begin{bmatrix} p_1 \\ p_2 \end{bmatrix} = \begin{bmatrix} 1 \\ -2 \end{bmatrix}$$

をとる．このとき，②は，

$$\begin{bmatrix} 3 & -1 \\ 4 & 7 \end{bmatrix}\begin{bmatrix} q_1 \\ q_2 \end{bmatrix} = \begin{bmatrix} 1 \\ -2 \end{bmatrix} + 5\begin{bmatrix} q_1 \\ q_2 \end{bmatrix}$$

$$\therefore \begin{cases} 3q_1 - \ q_2 = \quad 1 + 5q_1 \\ 4q_2 + 7q_2 = -2 + 5q_2 \end{cases} \qquad \therefore \begin{cases} -2q_1 - \ q_2 = \quad 1 \\ \quad 4q_1 + 2q_2 = -2 \end{cases}$$

この一つの解として，

$$\boldsymbol{q} = \begin{bmatrix} q_1 \\ q_2 \end{bmatrix} = \begin{bmatrix} 0 \\ -1 \end{bmatrix}$$

をとる．このとき，

$$P = [\boldsymbol{p} \quad \boldsymbol{q}]\begin{bmatrix} 1 & 0 \\ -2 & -1 \end{bmatrix}, \quad P^{-1} = \begin{bmatrix} 1 & 0 \\ -2 & -1 \end{bmatrix}$$

とおけば，期待通り，

$$P^{-1}AP = \begin{bmatrix} 1 & 0 \\ -2 & -1 \end{bmatrix}\begin{bmatrix} 3 & -1 \\ 4 & 7 \end{bmatrix}\begin{bmatrix} 1 & 0 \\ -2 & -1 \end{bmatrix} = \begin{bmatrix} 5 & 1 \\ & 5 \end{bmatrix}$$

▶**注**　この結果は，$\boldsymbol{p}, \boldsymbol{q}$ の選び方に依らない．

演習問題 14.4

$A = \begin{bmatrix} 8 & -4 \\ 9 & -4 \end{bmatrix}$ とする．

(1)　$\varphi_A(x) = (x-2)^2$　を示せ．

(2)　$P^{-1}AP = \begin{bmatrix} 2 & 1 \\ & 2 \end{bmatrix}$ となる正則行列 P を一つ求めよ．

§15 内積空間

掛け算が成長して内積

いままで扱ってきた一般のベクトル空間には，“長さ”とか“交角”の概念はなかった．この§では，これらを導入する．

そのために，まず“内積”を考えよう．

内　積

仲よしのユミさんとマサキくんが，休日，ドライブしたときの自動車(くるま)の走行速度・走行時間は，次のようであった：

	速度（km/時）	時間（時）
都　心	40 km/時	1.0 時
高　速	100 〃	1.2 〃
郊　外	60 〃	0.8 〃

このとき，全走行距離は，

都　心	：	40 km/時 ×1.0 時 = 40 km
高　速	：	100 〃 ×1.2 〃 = 120 〃
郊　外	：	60 〃 ×0.8 〃 = 48 〃
計		208 km

である．そうだね．

この計算を，次のようにかき，ベクトルの**内積**(ないせき)という：

$$\left(\begin{bmatrix} 40 \\ 100 \\ 60 \end{bmatrix}, \begin{bmatrix} 1.0 \\ 1.2 \\ 0.8 \end{bmatrix}\right) = (40\times1.0)+(100\times1.2)+(60\times0.8)$$

$$=208$$

◀ 単位は略した

そこで，一般に，実ベクトルについて，次のように定義する：

内　積

実ベクトル $\boldsymbol{a}=\begin{bmatrix} a_1 \\ a_2 \\ a_3 \end{bmatrix}$, $\boldsymbol{b}=\begin{bmatrix} b_1 \\ b_2 \\ b_3 \end{bmatrix}$ に対して,

$$(\boldsymbol{a},\ \boldsymbol{b}) = a_1b_1 + a_2b_2 + a_3b_3$$

を $\boldsymbol{a}$, $\boldsymbol{b}$ の**内積**という.

▶**注**　人により, 本により, 内積 $(\boldsymbol{a},\ \boldsymbol{b})$ を, $\boldsymbol{a}\cdot\boldsymbol{b}$, $\langle \boldsymbol{a}|\boldsymbol{b}\rangle$ などとかくことがある.

ふたりのドライブで, 全行程3時間がすべて郊外ならば, 走行距離は,

$$60^{\text{km/時}} \times 3^{\text{時間}} = 180^{\text{km}}$$

という単なる“積”であるが, 実際には, いろいろな道路を走るので, このような“内積”になるのだ. しかし, 現実には, 速度は**時々刻々変化する**ので, 走行距離は“積分”で表わされる：

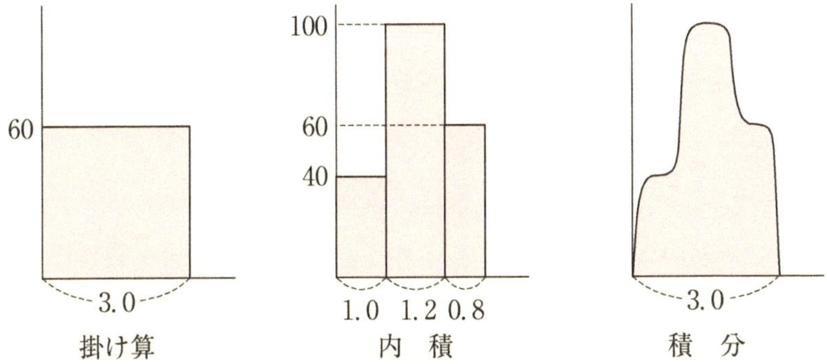

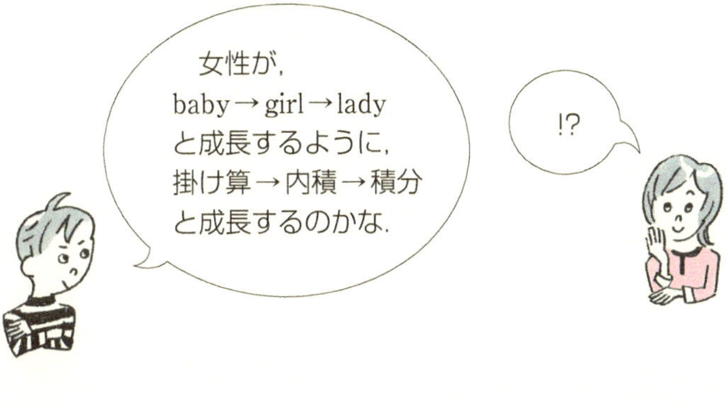

この内積は，次の性質をもつ：

1° $(\boldsymbol{b},\ \boldsymbol{a})=(\boldsymbol{a},\ \boldsymbol{b})$

2° $(\boldsymbol{a}+\boldsymbol{b},\ \boldsymbol{c})=(\boldsymbol{a},\ \boldsymbol{c})+(\boldsymbol{b},\ \boldsymbol{c})$

3° $(s\boldsymbol{a},\ \boldsymbol{b})=s(\boldsymbol{a},\ \boldsymbol{b}),\ (\boldsymbol{a},\ s\boldsymbol{b})=s(\boldsymbol{a},\ \boldsymbol{b})$

4° $\boldsymbol{a}\neq\boldsymbol{0} \implies (\boldsymbol{a},\ \boldsymbol{a})>0$

内　積の性質

これらの性質の確認は，じつに容易．2次元でやってみると，

$$\boldsymbol{a}=\begin{bmatrix} a_1 \\ a_2 \end{bmatrix},\quad \boldsymbol{b}=\begin{bmatrix} b_1 \\ b_2 \end{bmatrix},\quad \boldsymbol{c}=\begin{bmatrix} c_1 \\ c_2 \end{bmatrix}$$

とすれば，たとえば，**2°** は，次のように自然にできてしまう：

$$\begin{aligned}(\boldsymbol{a}+\boldsymbol{b},\ \boldsymbol{c})&=\left(\begin{bmatrix} a_1+b_1 \\ a_2+b_2 \end{bmatrix},\ \begin{bmatrix} c_1 \\ c_2 \end{bmatrix}\right)\\ &=(a_1+b_1)c_1+(a_2+b_2)c_2\\ &=(a_1c_1+a_2c_2)+(b_1c_1+b_2c_2)\\ &=(\boldsymbol{a},\ \boldsymbol{c})+(\boldsymbol{b},\ \boldsymbol{c})\end{aligned}$$

▶**注**　$\boldsymbol{R}^3$ のベクトル $\boldsymbol{a}$，$\boldsymbol{b}$ の内積

$$(\boldsymbol{a},\ \boldsymbol{b})=a_1b_1+a_2b_2+a_3b_3 \qquad (*)$$

は，性質 **1°**～**4°** を満たす．一般のベクトル空間 V で，**1°**～**4°** を満たす $(\boldsymbol{a},\ \boldsymbol{b})$ をすべて内積とよぶのが数学の立場．

このとき，内積（$*$）を，**自然内積**（**標準内積**）という．

内積の定義されているベクトル空間を**内積空間**ということがある．

ノルム・交角

$$\boldsymbol{a}=\begin{bmatrix} a_1 \\ a_2 \end{bmatrix},\quad \boldsymbol{b}=\begin{bmatrix} b_1 \\ b_2 \end{bmatrix}$$

を，平面ベクトル $\overrightarrow{\mathrm{OA}}$，$\overrightarrow{\mathrm{OB}}$ の成分表示とみよう．

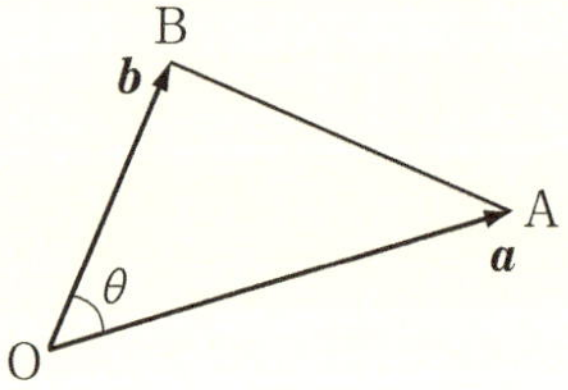

ベクトル $\boldsymbol{a}$ の長さ $\|\boldsymbol{a}\|$，$\boldsymbol{b}$ の長さ $\|\boldsymbol{b}\|$，$\boldsymbol{a}$，$\boldsymbol{b}$ の**交角**(**なす角**)は，

$$\|\boldsymbol{a}\|^2 = \mathrm{OA}^2 = a_1{}^2 + a_2{}^2 = (\boldsymbol{a},\ \boldsymbol{a})$$

$$\|\boldsymbol{b}\|^2 = \mathrm{OB}^2 = b_1{}^2 + b_2{}^2 = (\boldsymbol{b},\ \boldsymbol{b})$$

$$\begin{aligned}\|\boldsymbol{a}-\boldsymbol{b}\|^2 = \mathrm{AB}^2 &= (a_1-b_1)^2 + (a_2-b_2)^2 \\ &= a_1{}^2 + a_2{}^2 + b_1{}^2 + b_2{}^2 - 2(a_1b_1 + a_2b_2) \\ &= \|\boldsymbol{a}\|^2 + \|\boldsymbol{b}\|^2 - 2(\boldsymbol{a},\ \boldsymbol{b})\end{aligned}$$

$$\cos\theta = \frac{\mathrm{OA}^2 + \mathrm{OB}^2 - \mathrm{AB}^2}{2\mathrm{OA}\cdot\mathrm{OB}} = \frac{(\boldsymbol{a},\ \boldsymbol{b})}{\|\boldsymbol{a}\|\|\boldsymbol{b}\|}$$

◀ 余弦定理

そこで，一般のベクトルについて，あらためて次のように定義する：

> $\|\boldsymbol{a}\| = \sqrt{(\boldsymbol{a},\ \boldsymbol{a})}$ を，ベクトル $\boldsymbol{a}$ の**ノルム**(**長さ**)という．
>
> $\|\boldsymbol{a}-\boldsymbol{b}\|$ を，ベクトル $\boldsymbol{a}$，$\boldsymbol{b}$ の**距離**という．
>
> $\cos\theta = \dfrac{(\boldsymbol{a},\ \boldsymbol{b})}{\|\boldsymbol{a}\|\|\boldsymbol{b}\|}$，$0 \leqq \theta \leqq \pi$　なる θ を，ベクトル $\boldsymbol{a}$，$\boldsymbol{b}$ の**交角**(**なす角**)という．
>
> $(\boldsymbol{a},\ \boldsymbol{b}) = 0$ のとき，$\boldsymbol{a}$，$\boldsymbol{b}$ は**直交する**といい，$\boldsymbol{a}\perp\boldsymbol{b}$ と記す．

ノルム
交　角

▶**注**　一般に，実内積空間について，次が成立する：

$$\|\boldsymbol{a} - t\boldsymbol{b}\|^2 = \frac{1}{\|\boldsymbol{b}\|^2}(\|\boldsymbol{a}\|^2\|\boldsymbol{b}\|^2 - (\boldsymbol{a},\ \boldsymbol{b})^2) \geqq 0,\quad \text{ただし，}\ t = \frac{(\boldsymbol{a},\ \boldsymbol{b})}{\|\boldsymbol{b}\|^2}$$

$$\therefore\quad |(\boldsymbol{a},\ \boldsymbol{b})| \leqq \|\boldsymbol{a}\|\,\|\boldsymbol{b}\|$$ シュワルツの不等式

シュミットの直交化法

一般に，ベクトル空間 V のベクトル $\boldsymbol{u}_1$，$\boldsymbol{u}_2$，…，$\boldsymbol{u}_k$，…　が，互いに直交し，どのベクトルの長さも 1 であるとき，$\boldsymbol{u}_1$，$\boldsymbol{u}_2$，…，$\boldsymbol{u}_k$，…　は，**正規直交系**であるという．このことを，数学の本では，よく，

$$(\boldsymbol{u}_i,\ \boldsymbol{u}_j) = \begin{cases} 1 & (i=j\ \text{のとき}) \\ 0 & (i\neq j\ \text{のとき}) \end{cases}$$

などとかく習慣がある．憶えておこう．

とくに，V が有限次元で，正規直交系 $\boldsymbol{u}_1, \boldsymbol{u}_2, \cdots, \boldsymbol{u}_n$ が基底になっているとき，$\langle \boldsymbol{u}_1, \boldsymbol{u}_2, \cdots, \boldsymbol{u}_n \rangle$ を**正規直交基底**という．

たとえば，$\langle \boldsymbol{e}_1, \boldsymbol{e}_2, \boldsymbol{e}_3 \rangle$ は $\boldsymbol{R}^3$ の**正規直交基底**である．

さて，次に，実内積空間 V の一次独立なベクトル $\boldsymbol{a}_1, \boldsymbol{a}_2, \cdots, \boldsymbol{a}_r$ から，正規直交系 $\boldsymbol{u}_1, \boldsymbol{u}_2, \cdots, \boldsymbol{u}_r$ を作る方法を述べよう．

まず，$\boldsymbol{b}_1 = \boldsymbol{a}_1$ とおき，$\boldsymbol{u}_1 = \dfrac{1}{\|\boldsymbol{b}_1\|}\boldsymbol{b}_1$ とおけば，$\|\boldsymbol{u}_1\| = 1$.

次に，$\boldsymbol{b}_2 = \boldsymbol{a}_2 + s_1\boldsymbol{u}_1$ とおき，$\boldsymbol{b}_2 \perp \boldsymbol{u}_1$ なる s_1 を求める．

$$(\boldsymbol{b}_2, \boldsymbol{u}_1) = (\boldsymbol{a}_2 + s_1\boldsymbol{u}_1, \boldsymbol{u}_1) = (\boldsymbol{a}_2, \boldsymbol{u}_1) + s_1(\boldsymbol{u}_1, \boldsymbol{u}_1) = 0$$

$$\therefore \quad s_1 = -(\boldsymbol{a}_2, \boldsymbol{u}_1)$$

◀ $(\boldsymbol{u}_1, \boldsymbol{u}_1) = 1$

$$\therefore \quad \boldsymbol{b}_2 = \boldsymbol{a}_2 - (\boldsymbol{a}_2, \boldsymbol{u}_1)\boldsymbol{u}_1$$

そこで，$\boldsymbol{u}_2 = \dfrac{1}{\|\boldsymbol{b}_2\|}\boldsymbol{b}_2$ とおけば，$\|\boldsymbol{u}_2\| = 1$，$\boldsymbol{u}_2 \perp \boldsymbol{u}_1$

次に，$\boldsymbol{b}_3 = \boldsymbol{a}_3 + t_1\boldsymbol{u}_1 + t_2\boldsymbol{u}_2$ とおき，$\boldsymbol{b}_3 \perp \boldsymbol{u}_1$，$\boldsymbol{b}_3 \perp \boldsymbol{u}_2$ なる t_1, t_2 を求める．

$$\begin{aligned}(\boldsymbol{b}_3, \boldsymbol{u}_1) &= (\boldsymbol{a}_3 + t_1\boldsymbol{u}_1 + t_2\boldsymbol{u}_2, \boldsymbol{u}_1) \\ &= (\boldsymbol{a}_3, \boldsymbol{u}_1) + t_1(\boldsymbol{u}_1, \boldsymbol{u}_1) + t_2(\boldsymbol{u}_2, \boldsymbol{u}_1) = 0\end{aligned}$$

$$\therefore \quad t_1 = -(\boldsymbol{a}_3, \boldsymbol{u}_1)$$

◀ $(\boldsymbol{u}_1, \boldsymbol{u}_1) = 1$，$(\boldsymbol{u}_2, \boldsymbol{u}_1) = 0$

$$\begin{aligned}(\boldsymbol{b}_3, \boldsymbol{u}_2) &= (\boldsymbol{a}_3 + t_1\boldsymbol{u}_1 + t_2\boldsymbol{u}_2, \boldsymbol{u}_2) \\ &= (\boldsymbol{a}_3, \boldsymbol{u}_2) + t_1(\boldsymbol{u}_1, \boldsymbol{u}_2) + t_2(\boldsymbol{u}_2, \boldsymbol{u}_2) = 0\end{aligned}$$

$$\therefore \quad t_2 = -(\boldsymbol{a}_3, \boldsymbol{u}_2)$$

◀ $(\boldsymbol{u}_1, \boldsymbol{u}_2) = 0$，$(\boldsymbol{u}_2, \boldsymbol{u}_2) = 1$

$$\therefore \quad \boldsymbol{b}_3 = \boldsymbol{a}_3 - (\boldsymbol{a}_3, \boldsymbol{u}_1)\boldsymbol{u}_1 - (\boldsymbol{a}_3, \boldsymbol{u}_2)\boldsymbol{u}_2$$

そこで，$\boldsymbol{u}_3 = \dfrac{1}{\|\boldsymbol{b}_3\|}\boldsymbol{b}_3$ とおけば，$\|\boldsymbol{u}_3\| = 1$，$\boldsymbol{u}_3 \perp \boldsymbol{u}_1$，$\boldsymbol{u}_3 \perp \boldsymbol{u}_2$

以下，同様に，次々と，$\boldsymbol{u}_1, \boldsymbol{u}_2, \cdots, \boldsymbol{u}_r$ を作ることができる．

この方法を，**シュミットの直交化法**という．

いままで，永いことお付き合いいただいたが，いよいよ最後だね．

直交変換・直交行列

一般の実内積空間 V で，ベクトルの**長さや交角を変えない**線形変換

$$F : V \longrightarrow V$$

を考えよう．このような変換を，**直交変換**という．

ベクトルの長さや交角は，内積で表わされるから，直交変換は，**内積を変えない**線形変換だといってもいい：

$$F : V \longrightarrow V \text{ は，直交変換} \iff (F(\boldsymbol{a}),\ F(\boldsymbol{b})) = (\boldsymbol{a},\ \boldsymbol{b})$$

とくに，$\boldsymbol{R}^n$ 上の直交変換 F の表現行列すなわち，

$$F(\boldsymbol{x}) = T\boldsymbol{x}$$

なる行列 T を**直交行列**という．

直交行列は，次の性質をもつ：

◀「直交」の由来は，次の性質

直交行列

> $\boldsymbol{R}^n$ 上の線形変換 $F(\boldsymbol{x}) = T\boldsymbol{x}$ で，次は同値：
>
> (1)　T は直交行列
>
> (2)　$T'T = T'T = E$　（転置行列＝逆行列）
>
> (3)　$T = [\,\boldsymbol{u}_1\ \boldsymbol{u}_2\ \cdots\ \boldsymbol{u}_n\,]$ の列ベクトル $\boldsymbol{u}_1,\ \boldsymbol{u}_2,\ \cdots,\ \boldsymbol{u}_n$ は，$\boldsymbol{R}^n$ の正規直交基底になっている．

証明に入る前に，転置行列について少し確認しておこう，

$$A = \begin{bmatrix} a_{11} & a_{12} \\ a_{21} & a_{22} \end{bmatrix} \implies A' = \begin{bmatrix} a_{11} & a_{21} \\ a_{12} & a_{22} \end{bmatrix}$$

$$B = \begin{bmatrix} b_{11} & b_{12} \\ b_{21} & b_{22} \end{bmatrix} \implies B' = \begin{bmatrix} b_{11} & b_{21} \\ b_{12} & b_{22} \end{bmatrix}$$

であるから，正直に計算すれば，次の等式が成立することが分かる：

$$(AB)' = B'A'$$

◀ 積の順序に注意

また，とくに，

$$\boldsymbol{a}=\begin{bmatrix} a_1 \\ a_2 \end{bmatrix},\ \boldsymbol{b}=\begin{bmatrix} b_1 \\ b_2 \end{bmatrix} \Longrightarrow (\boldsymbol{a},\ \boldsymbol{b})=a_1b_1+a_2b_2$$

◀ 実数

$$\boldsymbol{a}'\boldsymbol{b}=[\,a_1\quad a_2\,]\begin{bmatrix} b_1 \\ b_2 \end{bmatrix}=[\,a_1b_1+a_2b_2\,]$$

◀ (1, 1)型行列

となるから，単なる実数 a と (1, 1)型行列 $[\,a\,]$ とを同一視すれば，

$$(\boldsymbol{a},\ \boldsymbol{b})=\boldsymbol{a}'\boldsymbol{b}$$

◀ 内積を行列の積で表わす

と考えられる．

直交行列の性質の証明に入る．

証明 (1) $\Longleftrightarrow$ (2)： $(\boldsymbol{a},\ \boldsymbol{b})=\boldsymbol{a}'\boldsymbol{b}$

$$\begin{aligned}(T\boldsymbol{a},\ T\boldsymbol{b})&=(T\boldsymbol{a})'(T\boldsymbol{b})\\&=(\boldsymbol{a}'T')(T\boldsymbol{b})=\boldsymbol{a}'(T'T)\boldsymbol{b}\end{aligned}$$

◀ $(AB)'=B'A'$

$$\therefore\quad \boldsymbol{a}'\boldsymbol{b}=\boldsymbol{a}'(T'T)\boldsymbol{b}$$

この等式が，**すべての** $\boldsymbol{a}$，$\boldsymbol{b}$ について成立することから，

$$T'T=E \qquad \therefore\quad T'=T^{-1} \qquad \therefore\quad TT'=E$$

(2) $\Longleftrightarrow$ (3)： 2次の場合で記せば，$T=[\,\boldsymbol{u}_1\quad \boldsymbol{u}_2\,]$ として，

$$T'T=\begin{bmatrix} \boldsymbol{u}_1' \\ \boldsymbol{u}_2' \end{bmatrix}[\,\boldsymbol{u}_1\quad \boldsymbol{u}_2\,]=\begin{bmatrix} (\boldsymbol{u}_1,\ \boldsymbol{u}_1) & (\boldsymbol{u}_1,\ \boldsymbol{u}_2) \\ (\boldsymbol{u}_2,\ \boldsymbol{u}_1) & (\boldsymbol{u}_2,\ \boldsymbol{u}_2) \end{bmatrix}=\begin{bmatrix} 1 & 0 \\ 0 & 1 \end{bmatrix}$$

例 $\dfrac{1}{2}\begin{bmatrix} 1 & \sqrt{3} \\ \sqrt{3} & -1 \end{bmatrix}$，$\dfrac{1}{15}\begin{bmatrix} 2 & -5 & 14 \\ -10 & 10 & 5 \\ -11 & -10 & -2 \end{bmatrix}$ は，直交行列．

実対称行列の対角化

いままで，正方行列の正則行列による対角化の問題を考えてきた．

ここでは，とくに，**直交行列による対角化**を考えよう．

直交行列によって対角化される行列は，どんな行列だろうか？

いま，正方行列 A が，直交行列 T によって，

$$T^{-1}AT=D \quad (\text{対角行列})$$

のように対角化されたとしよう．このとき，

$$A = TDT^{-1} = TDT'$$

◀ $T^{-1}=T'$

$$\therefore \quad A' = (TDT')' = T''D'T'$$

◀ $(ABC)'=C'B'A'$

$$= TDT' = A$$

◀ $D'=D$

行列 A は，$A'=A$ を満たす．このような行列を，“対称行列”という．

◀ 転置しても変わらない

A は**対称行列** $\iff$ $A'=A$ $\begin{bmatrix} a_{11} & \triangle & \times \\ \triangle & a_{22} & \square \\ \times & \square & a_{33} \end{bmatrix}$

◀ 対角線に関して対称

じつは，実対称行列 A について，次のことが知られている：

1° 実対称行列の固有値は，すべて**実数**.

2° n 次実対称行列は，n 個の**一次独立な固有ベクトル**をもつ.

とくに，異なる固有値に対する固有ベクトルは直交する.

証明は，とくに難しいわけではないが，ここでは省略する.

最後に，対角化の方法について記しておこう：

実対称行列の対角化

n 次実対称行列 A の固有値 $\lambda_1, \lambda_2, \cdots, \lambda_n$（等しい固有値があれば隣りあうように並べる）に対する一次独立な固有ベクトルをシュミットの直交化法で正規直交化する：$\boldsymbol{u}_1, \boldsymbol{u}_2, \cdots, \boldsymbol{u}_n$.

このとき，A は，直交行列 $T=[\boldsymbol{u}_1\ \boldsymbol{u}_2\ \cdots\ \boldsymbol{u}_n]$ によって，

$$T^{-1}AT=\begin{bmatrix} \lambda_1 & & & \\ & \lambda_2 & & \\ & & \ddots & \\ & & & \lambda_n \end{bmatrix}$$

のように対角化される.

例題 15.1　シュミットの直交化法

シュミットの直交化法により，一次独立な次のベクトルから $\boldsymbol{R}^3$ の正規直交基底 $\boldsymbol{u}_1$, $\boldsymbol{u}_2$, $\boldsymbol{u}_3$ を作れ：

$$\boldsymbol{a}_1=\begin{bmatrix}1\\1\\1\end{bmatrix},\quad \boldsymbol{a}_2=\begin{bmatrix}1\\2\\3\end{bmatrix},\quad \boldsymbol{a}_3=\begin{bmatrix}2\\1\\3\end{bmatrix}$$

Point

正規直交化　$\boldsymbol{a}_1, \boldsymbol{a}_2, \boldsymbol{a}_3 \Longrightarrow \boldsymbol{u}_1, \boldsymbol{u}_2, \boldsymbol{u}_3$

$$\boldsymbol{b}_1=\boldsymbol{a}_1, \qquad \boldsymbol{u}_1=\frac{1}{\|\boldsymbol{b}_1\|}\boldsymbol{b}_1$$

$$\boldsymbol{b}_2=\boldsymbol{a}_2-(\boldsymbol{a}_2, \boldsymbol{u}_1)\boldsymbol{u}_1, \qquad \boldsymbol{u}_2=\frac{1}{\|\boldsymbol{b}_2\|}\boldsymbol{b}_2$$

$$\boldsymbol{b}_3=\boldsymbol{a}_3-(\boldsymbol{a}_3, \boldsymbol{u}_1)\boldsymbol{u}_1-(\boldsymbol{a}_3, \boldsymbol{u}_2)\boldsymbol{u}_2, \qquad \boldsymbol{u}_3=\frac{1}{\|\boldsymbol{b}_3\|}\boldsymbol{b}_3$$

［解答］　● $\boldsymbol{b}_1=\boldsymbol{a}_1=\begin{bmatrix}1\\1\\1\end{bmatrix}$, $\boldsymbol{u}_1=\dfrac{1}{\|\boldsymbol{b}_1\|}=\dfrac{1}{\sqrt{3}}\begin{bmatrix}1\\1\\1\end{bmatrix}$

● $(\boldsymbol{a}_2, \boldsymbol{u}_1)=\dfrac{1}{\sqrt{3}}(1\cdot1+2\cdot1+3\cdot1)=2\sqrt{3}$　となるから，

$$\boldsymbol{b}_2=\boldsymbol{a}_2-(\boldsymbol{a}_2, \boldsymbol{u}_1)\boldsymbol{u}_1$$

$$=\begin{bmatrix}1\\2\\3\end{bmatrix}-2\sqrt{3}\,\frac{1}{\sqrt{3}}\begin{bmatrix}1\\1\\1\end{bmatrix}=\begin{bmatrix}-1\\0\\1\end{bmatrix}$$

$$\therefore\quad \boldsymbol{u}_2=\frac{1}{\|\boldsymbol{b}_2\|}\boldsymbol{b}_2=\frac{1}{\sqrt{2}}\begin{bmatrix}-1\\0\\1\end{bmatrix}$$

● $(\boldsymbol{a}_3, \boldsymbol{u}_1) = 2\sqrt{3}$, $(\boldsymbol{a}_3, \boldsymbol{u}_2) = \dfrac{1}{\sqrt{2}}$ となるから,

$$\boldsymbol{b}_3 = \boldsymbol{a}_3 - (\boldsymbol{a}_3, \boldsymbol{u}_1)\boldsymbol{u}_1 - (\boldsymbol{a}_3, \boldsymbol{u}_2)\boldsymbol{u}_2$$

$$= \begin{bmatrix} 2 \\ 1 \\ 3 \end{bmatrix} - 2\sqrt{3}\,\frac{1}{\sqrt{3}}\begin{bmatrix} 1 \\ 1 \\ 1 \end{bmatrix} - \frac{1}{\sqrt{2}}\,\frac{1}{\sqrt{2}}\begin{bmatrix} -1 \\ 0 \\ 1 \end{bmatrix} = \frac{1}{2}\begin{bmatrix} 1 \\ -2 \\ 1 \end{bmatrix}$$

$$\therefore \quad \boldsymbol{u}_3 = \frac{1}{\|\boldsymbol{b}_3\|}\boldsymbol{b}_3 = \frac{1}{\frac{\sqrt{6}}{2}}\,\frac{1}{2}\begin{bmatrix} 1 \\ -2 \\ 1 \end{bmatrix} = \frac{1}{\sqrt{6}}\begin{bmatrix} 1 \\ -2 \\ 1 \end{bmatrix}$$

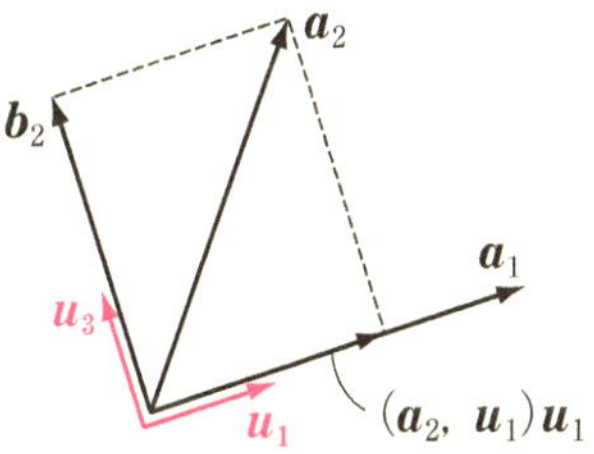

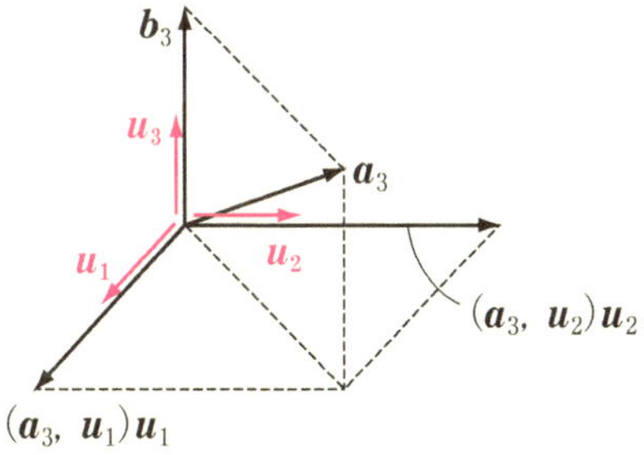

演習問題 15.1

シュミットの直交化法により，一次独立な次のベクトルから，$\boldsymbol{R}^3$ の正規直交基底 $\boldsymbol{u}_1$, $\boldsymbol{u}_2$, $\boldsymbol{u}_3$ を作れ：

$$\boldsymbol{a}_1 = \begin{bmatrix} 1 \\ 0 \\ 1 \end{bmatrix}, \quad \boldsymbol{a}_2 = \begin{bmatrix} 3 \\ 1 \\ 1 \end{bmatrix}, \quad \boldsymbol{a}_3 = \begin{bmatrix} -1 \\ 1 \\ 2 \end{bmatrix}$$

例題 15.2 実対称行列の対角化

実対称行列 $A=\begin{bmatrix} 5 & -2 \\ -2 & 8 \end{bmatrix}$ を，直交行列によって対角化せよ．

［解答］ まず，固有値を求める．

$$\varphi_A(x)=|xE-A|$$
$$=\begin{vmatrix} x-5 & 2 \\ 2 & x-8 \end{vmatrix}$$
$$=(x-5)(x-8)-2\cdot 2$$
$$=x^2-13x+36$$
$$=(x-4)(x-9)=0$$
$$\therefore \quad x=4,\ x=9$$

行列 A の固有値は，4 と 9.

Point

実対称行列の対角化

1. 固有値を求める.
2. 一次独立な固有ベクトルをとり正規直交化.
3. これらを並べた直交行列により対角化する.

● $A\boldsymbol{x}=4\boldsymbol{x}$ を解く：

$$\begin{bmatrix} 5 & -2 \\ -2 & 8 \end{bmatrix}\begin{bmatrix} x \\ y \end{bmatrix}=4\begin{bmatrix} x \\ y \end{bmatrix}$$

$$\begin{cases} 5x-2y=4x \\ -2x+8y=4y \end{cases}$$

$$\therefore \begin{cases} x-2y=0 \\ -2x+4y=0 \end{cases}$$

固有値 4 に対する固有ベクトルとして，

$$\boldsymbol{x}_1=\begin{bmatrix} 2 \\ 1 \end{bmatrix}$$

をとり，正規化する：

$$\boldsymbol{u}_1=\frac{\boldsymbol{x}_1}{\|\boldsymbol{x}_1\|}=\frac{1}{\sqrt{5}}\begin{bmatrix} 2 \\ 1 \end{bmatrix}$$

● $A\boldsymbol{x}=9\boldsymbol{x}$ を解く：

$$\begin{bmatrix} 5 & -2 \\ -2 & 8 \end{bmatrix}=9\begin{bmatrix} x \\ y \end{bmatrix}$$

$$\begin{cases} 5x-2y=9x \\ -2x+8y=9y \end{cases}$$

$$\therefore \begin{cases} -4x-2y=0 \\ -2x+\ \ y=0 \end{cases}$$

固有値 9 に対する固有ベクトルとして，

$$\boldsymbol{x}_2=\begin{bmatrix} -1 \\ 2 \end{bmatrix}$$

をとり，正規化する：

$$\boldsymbol{u}_2=\frac{\boldsymbol{x}_2}{\|\boldsymbol{x}_2\|}=\frac{1}{\sqrt{5}}\begin{bmatrix} -1 \\ 2 \end{bmatrix}$$

これらを用いて，直交行列

$$T = [\,\boldsymbol{u}_1 \quad \boldsymbol{u}_2\,] = \frac{1}{\sqrt{5}}\begin{bmatrix} 2 & -1 \\ 1 & 2 \end{bmatrix}$$

を作る．このとき，

$$T^{-1}AT = \frac{1}{\sqrt{5}}\begin{bmatrix} 2 & 1 \\ -1 & 2 \end{bmatrix}\begin{bmatrix} 5 & -2 \\ -2 & 8 \end{bmatrix}\cdot\frac{1}{\sqrt{5}}\begin{bmatrix} 2 & -1 \\ 1 & 2 \end{bmatrix}$$

◀ $T^{-1} = T'$

$$= \begin{bmatrix} 4 & \\ & 9 \end{bmatrix}$$

プラスα　複素ベクトルの内積

数ベクトルの内積を，実ベクトルの場合

$$(\boldsymbol{a},\ \boldsymbol{b}) = a_1b_1 + a_2b_2 + \cdots + a_nb_n$$

と定義しましたが，複素ベクトルの内積は，次のようになります：

$$(\boldsymbol{a},\ \boldsymbol{b}) = a_1\overline{b_1} + a_2\overline{b_2} + \cdots + a_n\overline{b_n}$$

(ただし，$\overline{b_1}$，$\overline{b_2}$，…　は，b_1，b_2，…　の共役複素数)

この本では，内積を「速度×時間＝距離」の一般化として導入しましたが，諸君が，さらに**量子力学**というミクロの世界の物理学を学んだとき，線形代数のより深いルーツを発見されることでしょう．

最後に，諸君が，自分を信じて，大きな夢に向かって，大きく羽ばたかれることを願ってやみません．

演習問題 15.2

実対称行列 $A = \begin{bmatrix} 4 & 12 \\ 12 & 11 \end{bmatrix}$ を，直交行列によって対角化せよ．

演習問題の解または略解

1.1 (1) A：(3, 4)型　B：(1, 2)型　C：(2, 2)型　A の (2, 4)成分＝8

(2) 次のようになる：

$$\begin{bmatrix} (-1)^{1+1}(2\cdot1-3\cdot1) & (-1)^{1+2}(2\cdot1-3\cdot2) & (-1)^{1+3}(2\cdot1-3\cdot3) \\ (-1)^{2+1}(2\cdot2-3\cdot1) & (-1)^{2+2}(2\cdot2-3\cdot2) & (-1)^{2+3}(2\cdot2-3\cdot3) \end{bmatrix}$$

$$=\begin{bmatrix} -1 & 4 & -7 \\ -1 & -2 & 5 \end{bmatrix}$$

1.2 (1) $A=\begin{bmatrix} 28 & 15 \\ 30 & 20 \\ 35 & 24 \end{bmatrix},\ B=\begin{bmatrix} 25 & 15 \\ 28 & 18 \\ 33 & 20 \end{bmatrix}$

(2) $6300A=6300\begin{bmatrix} 28 & 15 \\ 30 & 20 \\ 35 & 24 \end{bmatrix}=\begin{bmatrix} 176400 & 94500 \\ 189000 & 126000 \\ 220500 & 151200 \end{bmatrix}$

(3) $A-B=\begin{bmatrix} 3 & 0 \\ 2 & 2 \\ 2 & 4 \end{bmatrix}$：各クラスの欠席者数

2.1 (1) $\begin{bmatrix} 11 & 4 & 27 \\ 20 & 7 & 51 \\ 5 & 2 & 11 \end{bmatrix}$

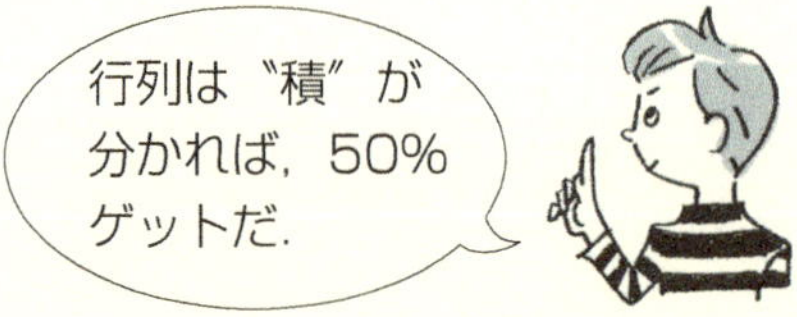

(2) $[\,ax+by+cz\,]$

(3) $\begin{bmatrix} ax & ay & az \\ bx & by & bz \\ cx & cy & cz \end{bmatrix}$

3.1 $AB=\begin{bmatrix} 0 & -1 \\ -1 & 2 \end{bmatrix},\ (AB)^{-1}=\begin{bmatrix} -2 & -1 \\ -1 & 0 \end{bmatrix},\ A^{-1}=\begin{bmatrix} 3 & -2 \\ -1 & 1 \end{bmatrix},$

$B^{-1}=\begin{bmatrix} -3 & -7 \\ -1 & -2 \end{bmatrix},\ B^{-1}A^{-1}=\begin{bmatrix} -2 & -1 \\ -1 & 0 \end{bmatrix},\ A^{-1}B^{-1}=\begin{bmatrix} -7 & -17 \\ 2 & 5 \end{bmatrix}$

たから，確かに，次のようになっている：

$$(AB)^{-1}=B^{-1}A^{-1}$$

$$(AB)^{-1}\neq A^{-1}B^{-1}$$

$$A=\begin{bmatrix} a & b \\ c & d \end{bmatrix},\quad ad-bc\neq 0$$

のとき，

$$A^{-1}=\frac{1}{ad-bc}\begin{bmatrix} d & -b \\ -c & a \end{bmatrix}$$

4.1

	基本変形	行
0　1　−3		①
3　−4　6		②
2　−4　8		③
2　−4　8	③	①′
3　−4　6	②	②′
0　1　−3	①	③′
2　−4　8	①′	①″
0　2　−6	②′+①′×(−3/2)	②″
0　1　−3	③′	③″
2　−4　8	①″	①‴
0　2　−6	②″	②‴
0　0　0	③″+②″×(−1/2)	③‴
2　−4　−4		①⁗
0　2　0	3列+2列×3	②⁗
0　0　0		③⁗

4.2

			基本変形	行
1	−3	4		①
−2	5	−7		②
−1	1	−2		③
1	−3	4	①	①′
0	−1	1	②+①×2	②′
0	−2	2	③+①×2	③′
1	−3	4	①′	①″
0	−1	1	②′	②″
0	0	0	③′+②′×(−2)	③″

ゆえに，rank $A=2$.

5.1

x_1	x_2	x_3	x_4	定数項	基本変形	行
1	−2	3	1	1		①
−2	4	−8	−1	1		②
−1	2	−7	1	5		③
1	−2	3	1	1	①	①′
0	0	−2	1	3	②+①×2	②′
0	0	−4	2	6	③+①×1	③′
1	−2	5	0	−2	①′+②′×(−1)	①″
0	0	−2	1	3	②′	②″
0	0	0	0	0	③′+②′×(−2)	③″

$$\begin{cases} x_1-2x_2+5x_3 \qquad = -2 \\ \qquad\qquad -2x_3+x_4 = \ \ 3 \end{cases} \qquad \begin{cases} x_1 = 2x_2-5x_3-2 \\ x_4 = \qquad 2x_3+3 \end{cases}$$

$$\therefore \begin{cases} x_1 = 2s-5t-2 \\ x_2 = \ s \\ x_3 = \qquad t \\ x_4 = \qquad 2t+3 \end{cases} \qquad \begin{bmatrix} x_1 \\ x_2 \\ x_3 \\ x_4 \end{bmatrix} = s\begin{bmatrix} 2 \\ 1 \\ 0 \\ 0 \end{bmatrix} + t\begin{bmatrix} -5 \\ 0 \\ 1 \\ 2 \end{bmatrix} + \begin{bmatrix} -2 \\ 0 \\ 0 \\ 3 \end{bmatrix}$$

6.1

						基本変形	行
1	−2	3	1	0	0		①
−2	2	−1	0	1	0		②
8	−7	2	0	0	1		③
1	−2	3	1	0	0	①	①′
0	−2	5	2	1	0	②＋①×2	②′
0	9	−22	−8	0	1	③＋①×(−8)	③′
1	0	2	−1	−1	0	①′＋②′×(−1)	①″
0	−2	5	2	1	0	②′	②″
0	0	1/2	1	9/2	1	③′＋②′×9/2	③″
1	0	0	3	17	4	①″＋③″×4	①‴
0	−2	0	−8	−44	−10	②″＋③″×(−10)	②‴
0	0	1/2	1	9/2	1	③″	③‴
1	0	0	3	17	4	①‴	①⁗
0	1	0	4	22	5	②‴×(−1/2)	②⁗
0	0	1	2	9	2	③‴×2	③⁗

$$\therefore\quad A^{-1}=\begin{bmatrix}3 & 17 & 4\\ 4 & 22 & 5\\ 2 & 9 & 2\end{bmatrix}$$

7.1 $|A|=3\times7-5\times(-4)=41$

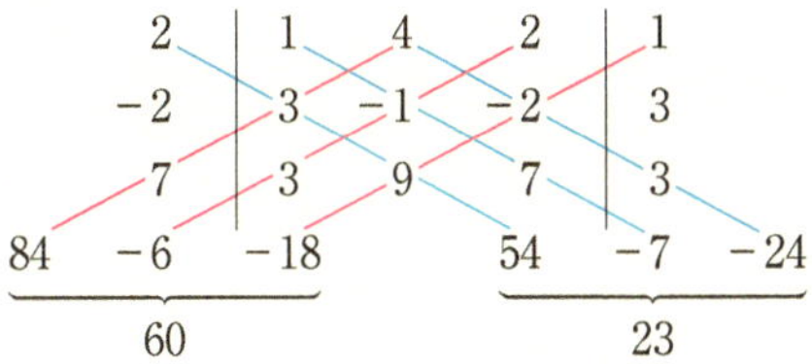

$|B|=23-60=-37$

8.1 (1) $A_{23}=(-1)^{2+3}\begin{vmatrix}1 & 3\\ 7 & 5\end{vmatrix}=(-1)\times\begin{vmatrix}1 & 3\\ 7 & 5\end{vmatrix}=16$

(2) $|A|=7\times(-1)^{3+1}\begin{vmatrix}3 & 2\\ 4 & 9\end{vmatrix}+5\times(-1)^{3+2}\begin{vmatrix}1 & 2\\ 8 & 9\end{vmatrix}+6\times(-1)^{3+3}\begin{vmatrix}1 & 3\\ 8 & 4\end{vmatrix}$

$=(7\times19)+(5\times7)+6\times(-20)=48$

(3) $|A| = 3 \times (-1)^{1+2} \begin{vmatrix} 8 & 9 \\ 7 & 6 \end{vmatrix} + 4 \times (-1)^{2+2} \begin{vmatrix} 1 & 2 \\ 7 & 6 \end{vmatrix} + 5 \times (-1)^{3+2} \begin{vmatrix} 1 & 2 \\ 8 & 9 \end{vmatrix} = 48$

8.2 1列×(−1)を，2列と3列に加えてから，1行について展開する．

得られた2次行列式の1列から$b-a$を，2列から$c-a$をくくり出す．

$|A| = (b-c)(c-a)(a-b)$ ◀ しりとり式に

9.1 $A^{-1} = \dfrac{1}{|A|} \begin{bmatrix} \begin{vmatrix} 3 & 6 \\ 2 & 5 \end{vmatrix} & -\begin{vmatrix} 7 & 6 \\ 6 & 5 \end{vmatrix} & \begin{vmatrix} 7 & 3 \\ 6 & 2 \end{vmatrix} \\ -\begin{vmatrix} 1 & 2 \\ 2 & 5 \end{vmatrix} & \begin{vmatrix} 3 & 2 \\ 6 & 5 \end{vmatrix} & -\begin{vmatrix} 3 & 1 \\ 6 & 2 \end{vmatrix} \\ \begin{vmatrix} 1 & 2 \\ 3 & 6 \end{vmatrix} & -\begin{vmatrix} 3 & 2 \\ 7 & 6 \end{vmatrix} & \begin{vmatrix} 3 & 1 \\ 7 & 3 \end{vmatrix} \end{bmatrix}'$

$= \dfrac{1}{2} \begin{bmatrix} 3 & 1 & -4 \\ -1 & 3 & 0 \\ 0 & -4 & 2 \end{bmatrix}' = \dfrac{1}{2} \begin{bmatrix} 3 & -1 & 0 \\ 1 & 3 & -4 \\ -4 & 0 & 2 \end{bmatrix}$

9.2 (1) $x = \dfrac{\begin{vmatrix} 1 & -5 \\ -2 & 7 \end{vmatrix}}{\begin{vmatrix} 2 & -5 \\ -3 & 7 \end{vmatrix}} = \dfrac{-3}{-1} = 3, \quad y = \dfrac{\begin{vmatrix} 2 & 1 \\ -3 & -2 \end{vmatrix}}{\begin{vmatrix} 2 & -5 \\ -3 & 7 \end{vmatrix}} = \dfrac{-1}{-1} = 1$

(2) $x = \dfrac{36}{12} = 3, \quad y = \dfrac{12}{12} = 1, \quad z = \dfrac{-48}{12} = -4$

10.1

a_1	a_2	a_3	基本変形	行
2	5	7		①
3	7	9		②
2	4	4		③
2	5	7	①	①′
1	2	2	②+①×(−1)	②′
0	−1	−3	③+①×(−1)	③′
0	1	3	①′+②′×(−2)	①″
1	2	2	②′	②″
0	−1	−3	③′	③″

分数をさける変形を工夫しよう．

1	0	−4	②″+①″×(−2)	①‴
0	1	3	①″	②‴
0	0	0	③″+①″×1	③‴

この変形から，

$\boldsymbol{a}_3=-4\boldsymbol{a}_1+3\boldsymbol{a}_2$　　ゆえに，$\boldsymbol{a}_1$, $\boldsymbol{a}_2$, $\boldsymbol{a}_3$ は，一次従属.

10.2

s_1	s_2	s_3	基本変形	行
1	2	3		①
2	3	1		②
4	7	7		③
1	2	3	①	①′
0	−1	−5	②+①×(−2)	②′
0	−1	−5	③+①×(−4)	③′
1	0	−7	①′+②′×2	①″
0	1	5	②′×(−1)	②″
0	0	0	③′+②′×(−1)	③″

∴　$\boldsymbol{a}_3=-7\boldsymbol{a}_1+5\boldsymbol{a}_2$, ゆえに，$\boldsymbol{a}_1$, $\boldsymbol{a}_2$, $\boldsymbol{a}_3$ は，一次従属，また，$\boldsymbol{a}_1$, $\boldsymbol{a}_2$, $\boldsymbol{a}_3$ のうち，どの二つも明らかに一次独立だから，これらも基底である.

▶注　一次従属性を示すには，行列式 $|\boldsymbol{a}_1\ \boldsymbol{a}_2\ \boldsymbol{a}_3|=0$ だけで十分.

10.3　例題 10.3 と同様にして，

$\boldsymbol{b}_1=7\boldsymbol{a}_1-3\boldsymbol{a}_2\in L[\boldsymbol{a}_1, \boldsymbol{a}_2]$, $\boldsymbol{b}_2=5\boldsymbol{a}_1-2\boldsymbol{a}_2\in L[\boldsymbol{a}_1, \boldsymbol{a}_2]$

$\boldsymbol{a}_1=-2\boldsymbol{b}_1+3\boldsymbol{b}_2\in L[\boldsymbol{b}_1, \boldsymbol{b}_2]$, $\boldsymbol{a}_2=-5\boldsymbol{b}_1+7\boldsymbol{b}_2\in L[\boldsymbol{b}_1, \boldsymbol{b}_2]$

11.1　(1)　$F\left(\begin{bmatrix} x \\ y \end{bmatrix}\right)=\begin{bmatrix} 3 & -5 \\ 2 & -3 \end{bmatrix}\begin{bmatrix} x \\ y \end{bmatrix}$, $\begin{vmatrix} 3 & -5 \\ 2 & -3 \end{vmatrix}=1\neq 0$　　同型写像である

(2)　$F\left(\begin{bmatrix} x \\ y \end{bmatrix}\right)=\begin{bmatrix} 3 & 9 \\ 2 & 6 \end{bmatrix}\begin{bmatrix} x \\ y \end{bmatrix}$, $\begin{vmatrix} 3 & 9 \\ 2 & 6 \end{vmatrix}=0$　　同型写像ではない

(3)　$F\left(2\begin{bmatrix} x \\ y \end{bmatrix}\right)=F\left(\begin{bmatrix} 2x \\ 2y \end{bmatrix}\right)=\begin{bmatrix} (2x)^2 \\ (2y)^2 \end{bmatrix}=4\begin{bmatrix} x^2 \\ y^2 \end{bmatrix}$　　$2F\left(\begin{bmatrix} x \\ y \end{bmatrix}\right)=2\begin{bmatrix} x^2 \\ y^2 \end{bmatrix}$

∴　$F\left(2\begin{bmatrix} x \\ y \end{bmatrix}\right)\neq 2F\left(2\begin{bmatrix} x \\ y \end{bmatrix}\right)$　　線形写像ではない

12.1 適当な基本変形の組み合わせで，$A \longrightarrow \begin{bmatrix} 2 & -1 & 3 \\ 0 & 0 & 0 \\ 0 & 0 & 0 \end{bmatrix}$

$$A\boldsymbol{x}=\boldsymbol{0} \iff 2x-y+3z=0 \iff y=2x+3z$$

$$\therefore \begin{bmatrix} x \\ y \\ z \end{bmatrix} = \begin{bmatrix} s \\ 2s+3t \\ t \end{bmatrix} = s\begin{bmatrix} 1 \\ 2 \\ 0 \end{bmatrix} + t\begin{bmatrix} 0 \\ 3 \\ 1 \end{bmatrix}$$

◀ $Ax=0$ の一般解

Ker F の基底の一例：$\boldsymbol{b}_1=\begin{bmatrix} 1 \\ 2 \\ 0 \end{bmatrix}$，$\boldsymbol{b}_2=\begin{bmatrix} 0 \\ 3 \\ 1 \end{bmatrix}$

これを延長して，$\boldsymbol{b}_1$，$\boldsymbol{b}_2$，$\boldsymbol{e}_1=\boldsymbol{b}_3$ は，$\boldsymbol{R}^3$ の基底の一つ．

$$F(\boldsymbol{b}_3)=F(\boldsymbol{e}_1)=A\begin{bmatrix} 1 \\ 0 \\ 0 \end{bmatrix} = \begin{bmatrix} 2 \\ -6 \\ 4 \end{bmatrix} = 2\begin{bmatrix} 1 \\ -3 \\ 2 \end{bmatrix}$$

ゆえに，$\begin{bmatrix} 1 \\ -3 \\ 2 \end{bmatrix}$ は，Ker F の基底の一つ．

13.1 (1) $\varphi_A(x)=\begin{vmatrix} x-1 & -4 \\ -3 & x-2 \end{vmatrix} = x^2-3x-10=0$

(2) $\varphi_A(x)=(x+2)(x-5)=0$ 　固有値は，-2 と 5

● $A\boldsymbol{x}=-2\boldsymbol{x}$ を解く：

$$\begin{bmatrix} 1 & 4 \\ 3 & 2 \end{bmatrix}\begin{bmatrix} x \\ y \end{bmatrix} = -2\begin{bmatrix} x \\ y \end{bmatrix}$$

$$\therefore \begin{cases} x+4y=-2x \\ 3x+2y=-2y \end{cases}$$

$$\therefore \begin{cases} 3x+4y=0 \\ 3x+4y=0 \end{cases}$$

$$\therefore \begin{bmatrix} x \\ y \end{bmatrix} = s\begin{bmatrix} 4 \\ -3 \end{bmatrix} \quad s \neq 0$$

● $A\boldsymbol{x}=5\boldsymbol{x}$ を解く：

$$\begin{bmatrix} 1 & 4 \\ 3 & 2 \end{bmatrix}\begin{bmatrix} x \\ y \end{bmatrix} = 5\begin{bmatrix} x \\ y \end{bmatrix}$$

$$\therefore \begin{cases} x+4y=5x \\ 3x+2y=5y \end{cases}$$

$$\therefore \begin{cases} -4x+4y=0 \\ 3x-3y=0 \end{cases}$$

$$\therefore \begin{bmatrix} x \\ y \end{bmatrix} = t\begin{bmatrix} 1 \\ 1 \end{bmatrix} \quad t \neq 0$$

14.1 (1) $\varphi_A(x)=\begin{vmatrix} x-4 & -1 \\ 2 & x-7 \end{vmatrix} = (x-4)(x-7)-(-2)$

$$=(x-5)(x-6)=0 \qquad \therefore\ x=5,\ 6$$

(2) ● $A\boldsymbol{x}=5\boldsymbol{x}$ を解く：

$$\begin{bmatrix} 4 & 1 \\ -2 & 7 \end{bmatrix}\begin{bmatrix} x \\ y \end{bmatrix}=5\begin{bmatrix} x \\ y \end{bmatrix}$$

$$\therefore \begin{cases} -x+\ y=0 \\ -2x+2y=0 \end{cases}$$

$$\therefore \ \boldsymbol{p}_1=\begin{bmatrix} 1 \\ 1 \end{bmatrix}$$

● $A\boldsymbol{x}=6\boldsymbol{x}$ を解く：

$$\begin{bmatrix} 4 & 1 \\ -2 & 7 \end{bmatrix}\begin{bmatrix} x \\ y \end{bmatrix}=6\begin{bmatrix} x \\ y \end{bmatrix}$$

$$\therefore \begin{cases} -2x+y=0 \\ -2x+y=0 \end{cases}$$

$$\therefore \ \boldsymbol{p}_2=\begin{bmatrix} 1 \\ 2 \end{bmatrix}$$

(3) $P=[\ \boldsymbol{p}_1 \ \ \boldsymbol{p}_2\ ]=\begin{bmatrix} 1 & 1 \\ 1 & 2 \end{bmatrix}$のとき，$P^{-1}=\begin{bmatrix} 2 & -1 \\ -1 & 1 \end{bmatrix}$.

$$P^{-1}AP=\begin{bmatrix} 5 & \\ & 6 \end{bmatrix}$$

$Q=[\ \boldsymbol{p}_2 \ \ \boldsymbol{p}_1\ ]=\begin{bmatrix} 1 & 1 \\ 2 & 1 \end{bmatrix}$のとき，$Q^{-1}=\begin{bmatrix} -1 & 1 \\ 2 & -1 \end{bmatrix}$.

$$Q^{-1}AQ=\begin{bmatrix} 6 & \\ & 5 \end{bmatrix}$$

14.2 (1) $\varphi_A(x)=|xE-A|$ に，たとえば，次の変形を順次行う：

1列+2列×(−1)，2行+1行×1，2列+3列×1，3行+2行×(−1)

$$\varphi_A(x)=\begin{vmatrix} x-4 & -1 & 3 \\ 5 & x+2 & -9 \\ 3 & 3 & x-8 \end{vmatrix}=\begin{vmatrix} x-3 & 2 & 3 \\ 0 & x-5 & -6 \\ 0 & 0 & x-2 \end{vmatrix}$$

$$=(x-2)(x-3)(x-5)$$

(2) たとえば，$\boldsymbol{p}_1=\begin{bmatrix} 1 \\ 1 \\ 1 \end{bmatrix}$，$\boldsymbol{p}_2=\begin{bmatrix} 1 \\ -1 \\ 0 \end{bmatrix}$，$\boldsymbol{p}_3=\begin{bmatrix} 1 \\ -2 \\ -1 \end{bmatrix}$

(3) $P^{-1}AP=\begin{bmatrix} 2 & & \\ & 3 & \\ & & 5 \end{bmatrix}$

14.3 $P=\begin{bmatrix} 2 & 3 \\ 3 & 4 \end{bmatrix}$によって対角化する：$P^{-1}AP=\begin{bmatrix} 5 & \\ & 6 \end{bmatrix}$.

$$A^n=\begin{bmatrix} 2 & 3 \\ 3 & 4 \end{bmatrix}\begin{bmatrix} 5^n & \\ & 6^n \end{bmatrix}\begin{bmatrix} -4 & 3 \\ 3 & -2 \end{bmatrix}=5^n\begin{bmatrix} -8 & 6 \\ -12 & 9 \end{bmatrix}+6^n\begin{bmatrix} 9 & -6 \\ 12 & -8 \end{bmatrix}$$

14.4 (1) $\varphi_A(x)=\begin{vmatrix} x-8 & 4 \\ -9 & x+4 \end{vmatrix}=x^2-4x+4=(x-2)^2$

(2) $\begin{bmatrix} 8 & -4 \\ 9 & -4 \end{bmatrix}\begin{bmatrix} p_1 \\ p_2 \end{bmatrix} = 2\begin{bmatrix} p_1 \\ p_2 \end{bmatrix}$ より，$\begin{bmatrix} p_1 \\ p_2 \end{bmatrix} = \begin{bmatrix} 2 \\ 3 \end{bmatrix}$

$\begin{bmatrix} 8 & -4 \\ 9 & -4 \end{bmatrix}\begin{bmatrix} q_1 \\ q_2 \end{bmatrix} = \begin{bmatrix} p_1 \\ p_2 \end{bmatrix} + 2\begin{bmatrix} q_1 \\ q_2 \end{bmatrix} = \begin{bmatrix} 2 \\ 3 \end{bmatrix} + 2\begin{bmatrix} q_1 \\ q_2 \end{bmatrix}$ より，たとえば，

$\begin{bmatrix} q_1 \\ q_2 \end{bmatrix} = \begin{bmatrix} 1 \\ 1 \end{bmatrix} \quad \therefore \ P = \begin{bmatrix} p_1 & q_1 \\ p_2 & q_2 \end{bmatrix} = \begin{bmatrix} 2 & 1 \\ 3 & 1 \end{bmatrix}$

15.1 ● $\boldsymbol{b}_1 = \boldsymbol{a}_1 = \begin{bmatrix} 1 \\ 0 \\ 1 \end{bmatrix}$，$\boldsymbol{u}_1 = \dfrac{1}{\|\boldsymbol{b}_1\|}\boldsymbol{b}_1 = \dfrac{1}{\sqrt{2}}\begin{bmatrix} 1 \\ 0 \\ 1 \end{bmatrix}$

● $\boldsymbol{b}_2 = \boldsymbol{a}_2 - (\boldsymbol{a}_2, \boldsymbol{u}_1)\boldsymbol{u}_1 = \begin{bmatrix} 3 \\ 1 \\ 1 \end{bmatrix} - 2\sqrt{2} \cdot \dfrac{1}{\sqrt{2}}\begin{bmatrix} 1 \\ 0 \\ 1 \end{bmatrix} = \begin{bmatrix} 1 \\ 1 \\ -1 \end{bmatrix}$

$\boldsymbol{u}_2 = \dfrac{1}{\|\boldsymbol{b}_2\|}\boldsymbol{b}_2 = \dfrac{1}{\sqrt{3}}\begin{bmatrix} 1 \\ 1 \\ -1 \end{bmatrix}$

● $\boldsymbol{b}_3 = \boldsymbol{a}_3 - (\boldsymbol{a}_3, \boldsymbol{u}_1)\boldsymbol{u}_1 - (\boldsymbol{a}_3, \boldsymbol{u}_2)\boldsymbol{u}_2$

$= \begin{bmatrix} -1 \\ 1 \\ 2 \end{bmatrix} - \dfrac{1}{\sqrt{2}}\dfrac{1}{\sqrt{2}}\begin{bmatrix} 1 \\ 0 \\ 1 \end{bmatrix} - \dfrac{-2}{\sqrt{3}}\dfrac{1}{\sqrt{3}}\begin{bmatrix} 1 \\ 1 \\ -1 \end{bmatrix} = \dfrac{5}{6}\begin{bmatrix} -1 \\ 2 \\ 1 \end{bmatrix}$

$\boldsymbol{u}_3 = \dfrac{1}{\|\boldsymbol{b}_3\|}\boldsymbol{b}_3 = \dfrac{1}{\sqrt{6}}\begin{bmatrix} -1 \\ 2 \\ 1 \end{bmatrix}$

15.2 $\varphi_A(x) = (x+5)(x-20) = 0$　固有値は，-5 と 20.

$A\boldsymbol{x} = -5\boldsymbol{x}$ を解き，$\boldsymbol{x} = \begin{bmatrix} 4 \\ -3 \end{bmatrix}$．正規化して，$\boldsymbol{u}_1 = \dfrac{1}{5}\begin{bmatrix} 4 \\ -3 \end{bmatrix}$

$A\boldsymbol{x} = 20\boldsymbol{x}$ を解き，$\boldsymbol{x} = \begin{bmatrix} 3 \\ 4 \end{bmatrix}$．正規化して，$\boldsymbol{u}_2 = \dfrac{1}{5}\begin{bmatrix} 3 \\ 4 \end{bmatrix}$

$T = [\boldsymbol{u}_1 \ \ \boldsymbol{u}_2] = \dfrac{1}{5}\begin{bmatrix} 4 & 3 \\ -3 & 4 \end{bmatrix}$．$T'AT = \begin{bmatrix} -5 & \\ & 20 \end{bmatrix}$.

― 解答終わり ―

本書は「超入門　線形代数」（拙著，2008 年）を参考にしました．

索引 index

著者紹介

小寺(こでら) 平治(へいぢ)

1940年, 東京生まれ. 東京教育大学理学部数学科卒. 同大学院博士課程を経て, 愛知教育大学助教授・同教授を歴任. 愛知教育大学名誉教授. 専攻は数学基礎論・数理哲学.

そば・寿司・天ぷら・うなぎを好み, 漱石・晶子を愛読する江戸ッ子数学者. 趣味は, カラオケ熱唱. そして, ヘボ将棋とは, ご本人の弁. 数学ビギナーズの灯(ともしび)たらんとする兄貴的存在.

著書に「ゼロから学ぶ統計解析」「なっとくする微分方程式」「はじめての微分積分15講」「はじめての統計15講」(以上, 講談社),「明解演習 微分積分」「テキスト 複素解析」(以上, 共立出版),「ゲンツェン・数理論理学への誘い」(現代数学社),「新統計入門」(裳華房), など多数.

NDC411 172p 21cm

はじめての線形代数(せんけいだいすう)15講(こう)

2015年 6月22日 第1刷発行
2021年 8月10日 第4刷発行

著者 小寺(こでら) 平治(へいぢ)

発行者 髙橋明男

発行所 株式会社 講談社
〒112-8001 東京都文京区音羽2-12-21
販売 (03)5395-4415
業務 (03)5395-3615

編集 株式会社 講談社サイエンティフィク
代表 堀越俊一
〒162-0825 東京都新宿区神楽坂2-14 ノービィビル
編集 (03)3235-3701

カバー・表紙印刷 豊国印刷 株式会社

本文印刷・製本 株式会社 講談社

Printed in Japan

ISBN978-4-06-156546-3